Kemper

Durchführung des ABC-Einsatzes

Fachwissen Feuerwehr

FACHWISSEN FEUERWEHR

Kemper

DURCHFÜHRUNG DES ABC-EINSATZES

ecomed
SICHERHEIT

Hinweise für den Benutzer

Die Wiedergabe von Gebrauchsnamen, Handelsnamen, Warenbezeichnungen usw. in diesem Werk berechtigt auch ohne besondere Kennzeichnung nicht zu der Annahme, dass solche Namen im Sinne der Warenzeichen- und Markenschutzgesetzgebung als frei zu betrachten wären und daher von jedermann benutzt werden dürfen.

In diesem Werk werden Rechtsgrundlagen, physikalisch-chemische Daten, Grenzwerte, Gefahrenhinweise und Sicherheitsratschläge erwähnt. Der Leser darf darauf vertrauen, dass Autor und Verlag größte Mühe darauf verwandt haben, diese Angaben bei Fertigstellung dieser Schrift genau dem Wissensstand entsprechend zu bearbeiten; dennoch sind Fehler nicht vollständig auszuschließen.

Autor und Verlag haften demgemäß nicht für Fehler, die trotz der aufgewendeten Sorgfalt möglich sind.

Mit freundlicher Empfehlung — Autor und Verlag

Bibliografische Information der Deutschen Bibliothek

Die Deutsche Bibliothek verzeichnet diese Publikation in der Deutschen Nationalbibliografie; detaillierte bibliografische Daten sind im Internet über http://dnb.ddb.de abrufbar.

Kemper
Durchführung des ABC-Einsatzes
Reihe: Fachwissen Feuerwehr
1. Auflage 2007

Justus-von-Liebig-Straße 1, 86899 Landsberg/Lech
Telefon 08191/125-0, Telefax 08191/125-526
Internet: http://www.ecomed.de
E-Mail: info@ecomed.de

Satz: abavo GmbH, 86807 Buchloe
Druck: VeBu Druck + Medien GmbH, 88427 Bad Schussenried
Printed in Germany 60962356/0207605
ISBN-13: 978-3-609-62356-6
ISBN-10: 3-609-62356-X

Vorwort

Die Anforderungen an die Angehörigen der Freiwilligen Feuerwehren, Berufsfeuerwehren, Werk- und Betriebsfeuerwehren haben sich im Laufe der Jahre erheblich verändert. Genügten früher die Kenntnisse der normalen Brandbekämpfung, müssen heute selbst kleine Feuerwehren die unterschiedlichsten Notlagen meistern, um in Not geratenen Mitmenschen oder Tieren zu helfen, Sachwerte zu erhalten und die Umwelt vor Schaden zu bewahren.

Dies ist nur noch möglich, wenn für die Feuerwehrangehörigen eine umfassende und wirksame Aus- und Weiterbildung angeboten und durchgeführt wird.

Diese Forderung, steht jedoch dem Problem gegenüber, dass diese Aus- und Weiterbildung von den meist freiwillig tätigen Angehörigen der Feuerwehren zusätzlich zu den immer weiter steigenden Anforderungen im Berufsleben geleistet werden muss.

Letztlich liegt es an jedem Feuerwehrangehörigen selbst, ob und in welchem Umfang er bereit ist, sich durch eine regelmäßige und aktive Teilnahme an der Aus- und Weiterbildung den gesteigerten Anforderungen der Feuerwehr zu stellen.

Das Ziel der Broschürenreihe „Fachwissen Feuerwehr“ besteht darin, die Feuerwehrangehörigen mit dem Wissen auszustatten, das in der heutigen Zeit erforderlich ist, um aufgabengerecht und wirkungsvoll tätig zu werden.

Sie ist vorrangig für die Feuerwehrangehörigen vorgesehen, die erstmals in das Thema Feuerwehr „einsteigen“ und diejenigen, die sich ein solides Basiswissen aneignen möchten.

Die Gliederung der Broschüre entspricht weitgehend der Gliederung der Feuerwehr-Dienstvorschrift FwDV 2 „Ausbildung der Feuerwehren“ und den daraus abgeleiteten Lernzielkatalogen. Deshalb können diese Ausarbeitungen auch zur Lehrgangsvorbereitung und -begleitung genutzt werden. Das praktische Broschürenformat ermöglicht eine leichte Handhabung in der Praxis.

Die Texte und Abbildungen sind in leicht verständlicher Weise dargestellt, wichtige Hinweise und Merksätze filtern die für die Praxis wichtigen Informationen heraus. Auf die Verwendung spezieller Formeln und wenig gebräuchlicher Begriffe und Einheiten wird weitgehend verzichtet. Die Angaben technischer Daten erfolgt ohne Gewähr.

Die Funktionsbezeichnungen und personenbezogenen Begriffe gelten sowohl für weibliche als auch für männliche Feuerwehrangehörige.

Einsätze im Zusammenhang mit gefährlichen atomaren, biologischen und chemischen Stoffen und Gütern stellen für die Feuerwehren eine besondere Herausforderung dar. Für die sichere Durchführung derartiger Einsätze müssen die Feuerwehrangehörigen spezielle Kenntnisse über diese Stoffe und Güter und die von ihnen ausgehenden Gefahren besitzen, die Gefahren erkennen und den Gefahren mit geeigneten Maßnahmen entgegenwirken können.

Hierzu gehören insbesondere Kenntnisse über die speziellen Regelungen und Besonderheiten, die Einsatzkräfte an Einsatzstellen mit radioaktiven, biologischen und chemischen Gefahrstoffen zu beachten haben.

In dieser Broschüre wird vor allem die grundsätzliche Durchführung des ABC-Einsatzes erläutert. Die allgemeine Gefahrenabwehr, die Einteilung und Kennzeichnung von Gefahrstoffen, die Schutzmaßnahmen und die erforderliche Einsatzplanung und -vorbereitung werden in der Broschüre „Grundlagen des ABC-Einsatzes“ dargestellt.

Geseke, Februar 2007 — Hans Kemper

Inhalt

1 Einleitung

Ordnungsgemäß verarbeitete, gelagerte oder transportierte atomare, biologische oder chemische Stoffe und Güter stellen im Allgemeinen und auch für die Feuerwehr zunächst keine besondere Gefahr dar.

Wenn diese Stoffe und Güter aber z.B. durch unsachgemäße Handhabung oder durch äußere, nicht beabsichtigte Einwirkungen unkontrolliert frei werden, ist der Einsatz der Feuerwehr erforderlich, bei dem die speziellen Gefahren, die von diesen Stoffen und Gütern ausgehen können, im besonderen Maße berücksichtigt werden müssen.

Abbildung 1: Gefahrguteinsatz der Feuerwehr! (Foto: Archiv Klaus Ridder)

Aufgabe der Feuerwehr ist es dann, die von den Stoffen ausgehenden Gefahren zu erkennen, zu bewerten und diesen Gefahren mit geeigneten Maßnahmen entgegenzuwirken.

In vielen Fällen müssen sich die Einsatzkräfte der Feuerwehr, die zuerst alarmiert wurden und an der Einsatzstelle eintreffen, wegen fehlender oder nicht ausreichender Sonderausrüstung und Ausbildung darauf beschränken, zunächst nur erste Maßnahmen zur Sicherung der Einsatzstelle und zur Rettung gefährdeter Personen einzuleiten. Hierbei trägt der Einsatzleiter eine besondere Verantwortung für die Sicherheit seiner Einsatzkräfte. Er muss unverzüglich die Alarmierung weiterer ausgebildeter Einsatzkräfte mit der erforderlichen Sonderausrüstung veranlassen.

In der Feuerwehr-Dienstvorschrift FwDV 500 „Einheiten im ABC-Einsatz", die für die Ausbildung, die Fortbildung und den Einsatz gilt, werden Vorgehensweisen festgelegt, die bei Einsätzen mit Gefahren durch radioaktive Stoffe und Materialien (A-Einsatz), biologische Stoffe und Materialien (B-Einsatz) und chemische Stoffe und Materialien (C-Einsatz) zu beachten sind.

Der erste Teil dieser Dienstvorschrift enthält die allgemeinen Vorschriften. Im zweiten Teil sind die speziellen Richtlinien und Besonderheiten aufgeführt, die Einsatzkräfte bei Einsätzen mit Gefahrstoffen zu beachten haben.

Hinweis: Die Erläuterungen in den nachfolgenden Kapiteln wurden in enger Anlehnung an die Vorgaben der speziellen Richtlinien des zweiten Teils der FwDV 500 erstellt.

2 Taktische Einheiten

In Abhängigkeit von der Art, den Eigenschaften und der Menge eines freigewordenen ABC-Gefahrstoffes sind unterschiedlich große taktische Einheiten zur Gefahrenabwehr erforderlich. Diese müssen mit geeigneten persönlichen Sonderausrüstungen und sonstigen Sonderausrüstungen in ausreichender Anzahl ausgestattet sein. Der Einsatz spezieller Sonderfahrzeuge kann in Abhängigkeit von der Einsatzlage ebenfalls erforderlich werden.

2.1 Einheiten im ABC-Einsatz

Da bei ABC-Einsätzen grundsätzlich Aufgaben der Sicherung der Einsatzstelle, der eigentlichen Gefahrenabwehr und der Dekontamination anfallen, ist als selbstständige taktische Einheit mindestens ein Zug notwendig. Für den längeren und parallelen Einsatz von mehreren mit Sonderausrüstung vorgehenden Trupps ist eine Ergänzung des Zuges durch weitere Züge, Gruppen, Staffeln und/oder Trupps erforderlich.

Eine Gruppe kann nur für die Durchführung der ersten Einsatzmaßnahmen oder für Aufträge kleineren Umfangs mit klar begrenztem Risiko eingesetzt werden. Der Einsatz von speziellen Schutzanzügen ist nur möglich, wenn der Gruppe weitere Einsatzkräfte zur Dekontamination und Einsatzkräfte für weitere Trupps unter Schutzanzügen zur Verfügung stehen.

Hinweis: Für die Gruppe ist die notwendige persönliche Schutzausrüstung durch persönliche Sonderausrüstungen für sechs Einsatzkräfte zu ergänzen.

2.1.1 Die Gruppe im ABC-Einsatz

Die Gliederung einer Gruppe im ABC-Einsatz entspricht zunächst der Gliederung der Gruppe im Löscheinsatz gemäß FwDV 3. Den einzelnen Trupps werden jedoch einsatzspezifische Aufgaben zugeordnet.

Tabelle 1: Aufgaben innerhalb der Gruppe im ABC-Einsatz

Funktion	Aufgabe
Gruppenführer	• legt in einem ersten Entschluss den Gefahrenbereich fest • erkundet außerhalb des möglichen Gefahrenbereichs • nimmt ggf. Verbindung mit fachkundigen Personen auf • überwacht den Einsatz seiner Gruppe • ist dafür verantwortlich, dass der Gefahrenbereich nicht ohne Sonderausrüstung betreten und nicht ohne geeignete Dekontamination verlassen wird • sorgt rechtzeitig für die Heranführung weiterer Einsatzkräfte und weiterer Ausrüstungen
Maschinist	• hilft den Trupps bei der Geräteentnahme und beim Anlegen der Sonderausrüstung • bereitet die Nachweisgeräte einsatzbereit vor und übernimmt deren Registrierung • führt die Atemschutz- und Dosisüberwachung durch
Melder	• verstärkt auf Befehl des Gruppenführers den Angriffstrupp
Angriffstrupp	• rettet und übernimmt den ABC-Ersteinsatz • trägt persönliche Sonderausrüstung • wird bei besonderen Lagen durch den Melder unterstützt • übernimmt die ausführliche Kommunikation mit dem Gruppenführer und weitere Erkundungsaufträge, insbesondere über Art und Menge des Gefahrstoffes
Wassertrupp	• rettet und stellt die notwendigen Geräte für die befohlenen Maßnahmen an der Grenze zum Gefahrenbereich bereit • übernimmt außerhalb des Gefahrenbereiches die Absicherung der Einsatzstelle • führt die eventuelle Not-Dekontamination durch
Schlauchtrupp	• rüstet sich mit persönlicher Sonderausrüstung aus, schließt den Lungenautomaten aber noch nicht an den Atemanschluss an • markiert den Gefahrenbereich und überwacht diesen von außerhalb

Hinweis: Stehen weitere Einsatzkräfte und weitere Ausrüstungen, insbesondere Atemschutzausrüstungen nicht schnell genug zur Verfügung, so ist der Einsatz der Gruppe rechtzeitig zu unterbrechen.

2.1.2 Der Zug im ABC-Einsatz

Der Zug kann im ABC-Einsatz selbstständig für die Durchführung von begrenzten Aufträgen eingesetzt werden. Die Gliederung eines Zuges im ABC-Einsatz entspricht zunächst der Gliederung des Zuges im Löscheinsatz gemäß FwDV 3. Den einzelnen Führungs- und Einsatzkräften des Zuges werden jedoch einsatzspezifische Aufgaben zugeordnet.

Tabelle 2: Aufgaben innerhalb des Zuges im ABC-Einsatz

Funktion	Aufgabe
Zugführer	• wertet die Erkundungsergebnisse aus, legt die Beurteilungswerte fest • ist dafür verantwortlich, dass der Gefahrenbereich nicht ohne Sonderausrüstung betreten und erst nach der Dekontamination verlassen wird
Führungs-assistent	• beschafft Informationen über die Gefahrstoffe • berät beim Geräteeinsatz anhand der Beständigkeitslisten
Melder	• ist für die Informationsübertragung zuständig • führt auf Befehl weitere Aufgaben durch
Fahrer	• fährt den Kommando- oder den Einsatzleitwagen • führt auf Befehl weitere Aufgaben durch
Gruppen	• übernehmen Aufgaben wie unter Kap. 2.1.1 beschrieben

Für den Zug ist die persönliche Sonderausrüstung für zwölf Einsatzkräfte mitzuführen. Die für eine Gruppe vorgesehene sonstige Sonderausrüstung ist in doppeltem Umfang vorzuhalten. Der Zug im ABC-Einsatz soll grundsätzlich durch eine Dekon-Einheit erweitert werden *(siehe Kapitel 8)*.

2.2 Aus- und Fortbildung

Für Einsätze in Verbindung mit ABC-Gefahrstoffen sind dafür ausgebildete Einsatzkräfte erforderlich. Die Mindestanforderungen an die Ausbildung sind in der FwDV 2 „Ausbildung der Freiwilligen Feuerwehren“ festgelegt. Die Ausbildung gliedert sich in die Lehrgänge:

Tabelle 3: Ausbildung der Einsatzkräfte

	ABC-Einsatz	ABC-Erkundung	ABC-Dekontamination P/G	Führen im ABC-Einsatz
Voraussetzung	Truppmannausbildung Atemschutzgeräteträger	Truppmannausbildung Atemschutzgeräteträger	Truppmannausbildung Atemschutzgeräteträger	Gruppenführer ABC-Einsatz
Dauer	70 Stunden	35 Stunden	35 Stunden	70 Stunden
Ziel	Befähigung zur Handhabung der Sonderausrüstung einschließlich der Schutzkleidung	Befähigung zur Bedienung und zum Betrieb des ABC-Erkundungskraftwagens	Befähigung zur Handhabung der Fahrzeuge und Geräte der Einheiten ABC-Dekontamination „Personen“ und ABC-Dekontamination „Geräte“	Befähigung zum taktisch richtigen Einsatz der ABC-Ausrüstung und zum Führen entsprechend ausgebildeter taktischer Einheiten im ABC-Einsatz
Ausbildungsstätte	auf Kreisebene Landesfeuerwehrschule	auf Kreisebene Landesfeuerwehrschule	auf Kreisebene Landesfeuerwehrschule	Landesfeuerwehrschule

Für Feuerwehreinheiten, die für einen ABC-Einsatz vorgesehen sind, sind im jährlichen Ausbildungsdienst mindestens einmal eine Fortbildung zu Einsätzen mit ABC-Gefahrstoffen einschließlich der Dekontamination sowie eine Übung im Einsatz mit ABC-Gefahrstoffen durchzuführen. Hierbei ist auf die Zusammenarbeit mehrerer Feuerwehren sowie weiterer zuständiger Stellen, z. B. Rettungsdienst, Polizei, Umweltbehörden, besonderer Wert zu legen.

2.3 Selbstkontrolle und Testfragen

(Lösungen siehe Seite 88)

1. Welche taktische Einheit ist bei ABC-Einsätzen mit Sicherungs-, Gefahrenabwehr- und Dekontaminationsaufgaben notwendig?

a) Mindestens eine Staffel.
b) Mindestens eine Gruppe.
c) Mindestens ein Zug.
d) Mindestens ein Verband.

2. Welche Aufgaben kann eine Gruppe im ABC-Einsatz übernehmen?

a) Nur Sicherungsaufgaben.
b) Durchführung der ersten Einsatzmaßnahmen.
c) Durchführung aller Einsatzmaßnahmen.
d) Aufträge kleineren Umfangs mit klar begrenztem Risiko.

3. Für wie viele Einsatzkräfte einer Gruppe im ABC-Einsatz ist persönliche Sonderausrüstung bereitzustellen?

a) Nur für die Führungskräfte.
b) Nur für den Angriffstrupp.
c) Für sechs Einsatzkräfte.
d) Für alle Einsatzkräfte.

4. Durch welche Einheit sollte der Zug im ABC-Einsatz grundsätzlich erweitert werden?

a) Durch eine Lösch-Einheit.
b) Durch eine Führungs-Einheit.
c) Durch eine Versorgungs-Einheit.
d) Durch eine Dekon-Einheit.

3 Sonderausrüstungen

Zur Bekämpfung von Schadenfällen in Verbindung mit ABC-Gefahrstoffen benötigen die Feuerwehren ergänzend zur allgemeinen Ausrüstung eine Sonderausrüstung. Die Sonderausrüstung darf nur von den dafür ausgebildeten Einsatzkräften eingesetzt werden. Art, Umfang und Standort der Sonderausrüstung bestimmen sich nach Aufgabenstellung und zu erwartenden Einsätzen. Für wesentliche Teile der Sonderausrüstung gibt es Prüf- und Zulassungsrichtlinien. Die Gebrauchsanleitung des Herstellers ist zu beachten.

Die Sonderausrüstung gliedert sich in die persönliche Sonderausrüstung und die sonstige Sonderausrüstung.

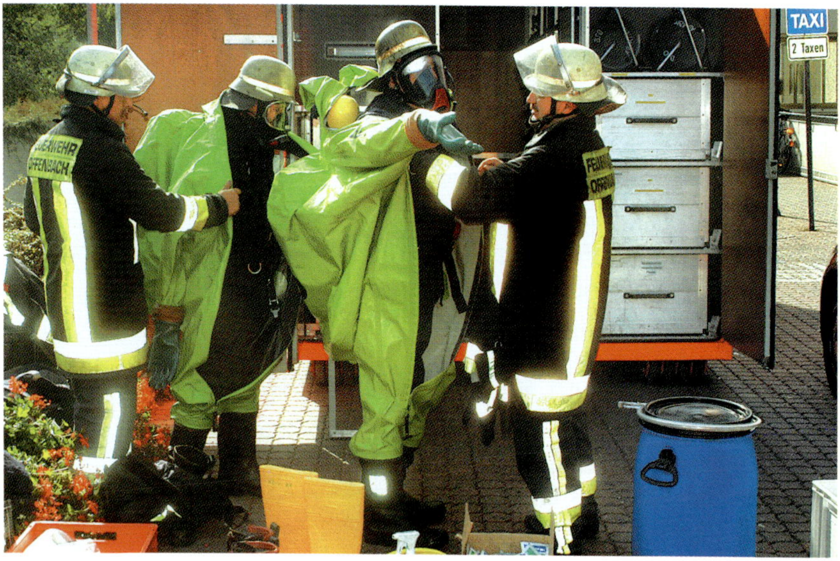

Abbildung 2: Anlegen von speziellen Schutzanzügen im ABC-Einsatz (Quelle: firemovie, Offenbach)

3.1 Persönliche Sonderausrüstungen

Die persönliche Sonderausrüstung ist von jeder Einsatzkraft zu tragen, die den Gefahrenbereich betritt. Sie dient dem Schutz der Person vor Inkorporation und Kontamination und besteht im Wesentlichen aus folgenden Teilen:

- Atemschutzgeräte,
- Körperschutz,
- Dosismess- und Warngeräte.

Für die persönliche Sonderausrüstung der Einsatzkräfte am Dekontaminations-Platz sind besondere Regelungen zu beachten.

3.1.1 Atemschutzgeräte

Für den sicheren ABC-Einsatz sind geeignete Atemschutzgeräte notwendig. In Abhängigkeit von der Lage können Filter- oder Isoliergeräte zum Einsatz kommen. Dabei ist im ABC-Einsatz zusätzlich zu den Einsatzgrundsätzen der FwDV 7 „Atemschutz“ besonders zu beachten:

■ Filtergeräte

- Der Einsatz von Filtergeräten ist nur dann zulässig, wenn die Einsatzgrundsätze der FwDV 7 berücksichtigt werden.
- Der Einsatz der Filter muss auf die Art und Konzentration der zu erwartenden oder vorliegenden Schadstoffe abgestimmt sein.
- Feuerwehrfilter ABEK2-P3 sind im Allgemeinen geeignet.
- Bei einem Einsatz mit radioaktiven Stoffen, bei denen Einsatzkräfte ohne Sonderausrüstungen tätig werden dürfen (Gefahrengruppe IA), können gegebenenfalls Atemfilter ABEK2-P3 getragen werden.
- Bei einem Einsatz mit biologischen Stoffen, bei denen Einsatzkräfte nur mit Sonderausrüstung und unter besonderer Bewachung tätig werden dürfen (Gefahrengruppe IIB), dürfen gegebenenfalls Atemfilter ABEK2-P3 getragen werden.

Isoliergeräte (Pressluftatmer)

- Pressluftatmer sollen unter isolierenden Schutzanzügen, z.B. Chemikalienschutzanzügen oder geschlossener Wärmeschutzkleidung, nur höchstens 30 Minuten genutzt werden, auch wenn das Gerät längere Einsatzzeiten zulassen würde!
- Der Einsatz ist so zu planen, dass für eine Dekontamination ausreichend Atemluft im Pressluftatmer zur Verfügung steht.
- Die Einsatzzeit kann verlängert werden, wenn der verwendete Körperschutz und die vorhandenen ABC-Gefahrstoffe am Dekon-Platz einen Wechsel auf Atemfilter zulassen.
- Bei einem Einsatz mit radioaktiven Stoffen, bei denen Einsatzkräfte nur mit Sonderausrüstung und unter besonderer Bewachung tätig werden dürfen (Gefahrengruppe IIA), sind im Gefahrenbereich grundsätzlich Pressluftatmer zu tragen.
- Bei einem Einsatz mit biologischen Stoffen, bei denen Einsatzkräfte nur mit Sonderausrüstung, unter besonderer Bewachung und Anwesenheit einer fachkundigen Person tätig werden dürfen (Gefahrengruppe IIIB), sind im Gefahrenbereich grundsätzlich Pressluftatmer zu tragen.
- Bei einem Einsatz mit chemischen Stoffen richtet sich die Notwendigkeit zum Tragen von Atemschutzgeräten nach den Eigenschaften der Gefahrstoffe. Im Zweifelsfall ist immer ein Pressluftatmer zu tragen.

Regenerationsgeräte

- Regenerationsgeräte dürfen in Chemikalienschutzanzügen, in denen das Atemschutzgerät innerhalb des Anzuges getragen werden muss (Typ 1a-ET) nicht eingesetzt werden.
- Geräte oder einzelne Komponenten können sich deutlich erwärmen! Durch die Erwärmung des Atemgases kommt es dann zu einer erheblichen zusätzlichen Belastung des Geräteträgers.
- Bei der Verwendung von Regenerationsgeräten in besonderen Einsatzfällen ist der Einsatz ist so zu planen, dass für eine Dekontamination ausreichend Atemgas im Gerät zur Verfügung steht.

3.1.2 Körperschutz

Kann bei einem ABC-Einsatz nicht vollständig ausgeschlossen werden, dass es zum direkten Kontakt mit ABC-Gefahrstoffen kommt, ist eine der Lage angemessene, stoffbeständige Schutzkleidung zu tragen. Dies können sein:

- Schutzhandschuhe,
- Schutzstiefel,
- Gesichtsschutz,
- leichte Schutzkleidung (Einmalschutzanzug),
- Chemikalienschutzanzug (CSA),
- Kontaminationsschutzkleidung,
- Kälteschutzkleidung,
- Wärmeschutzkleidung,
- sonstige Schutzausrüstung für besondere Einsätze.

Grundsätzlich ist bei der Verwendung von Schutzkleidung auf die Beständigkeitsliste und die Nutzungshinweise des Herstellers zu achten.

Hinweis: Da die Körperschutzkleidung unter Umständen beim Verlassen des Gefahrenbereichs abgelegt werden muss, ist Ersatzkleidung in ausreichender Anzahl bereitzuhalten.

Zusätzlich zu den bei jeder Form des Körperschutzes zu tragenden stoffbeständigen Schutzhandschuhen sollten abhängig von der vorgesehenen Einsatztätigkeit als Schutz vor mechanischen Beschädigungen Feuerwehrhandschuhe über den Schutzhandschuhen getragen werden. Hierzu sind Feuerwehrhandschuhe in Übergröße vorzuhalten.

Es ist zu beachten, dass Lederstiefel vor allem gegen aggressive Chemikalien und Lösemittel oder auch Schaummittel nicht ausreichend beständig sind. In diesen Fällen sind z.B. Gummistiefel oder auch beständige Füßlinge zu tragen. Bei tiefkalten Stoffen, z.B. flüssigem Stickstoff oder Ammoniak, sind geeignete Schutzmaßnahmen gegen Erfrierungen zu treffen.

Körperschutz Form 1

Der Körperschutz Form 1 schützt ausschließlich gegen eine Kontamination mit festen Stoffen, stellt einen eingeschränkten Spritzschutz dar und ist weder flüssigkeits- noch gasdicht. Er besteht aus der Schutzkleidung zur Brandbekämpfung und einer speziellen Schutzhaube (Kontaminationsschutzhaube) zur Abdeckung freier Stellen im Hals/Kopfbereich.

Körperschutz Form 2

Der Körperschutz Form 2 schützt ausschließlich gegen eine Kontamination mit festen und begrenzt auch mit flüssigen Stoffen, ist aber nur eingeschränkt gasdicht. Somit bestehen für den Träger weiterhin Gefahren der Kontamination und Inkorporation bei gefährlichen Gasen und Dämpfen. Dieser Körperschutz besteht aus einem Schutzanzug, z.B. Kontaminationsschutzanzug, Infektionsschutzanzug oder Flüssigkeitsschutzanzug, der anstelle des Feuerwehrschutzanzuges getragen wird.

Wegen der begrenzten Temperaturbeständigkeit der Schutzkleidungsmaterialien hat der Einsatzleiter über den Einsatz zur Brandbekämpfung gesondert zu entscheiden. Der Infektionsschutzanzug soll an den Übergängen (Handschuhe und Stiefel) abgedichtet werden, z.B. mit Klebeband.

Körperschutz Form 3

Der Körperschutz Form 3 schützt gegen eine Kontamination mit festen, flüssigen und gasförmigen Stoffen. Er ist einzusetzen, wenn Gefahren durch ABC-Gefahrstoffe einen umfassenden Schutz erforderlich machen. Dieser Körperschutz wird unterteilt in:

- Chemikalienschutzanzug Typ 1 a-ET, für die Verwendung durch Notfallteams mit einem **innerhalb** des Anzuges getragenen Pressluftatmer.
- Chemikalienschutzanzug Typ 1 b-ET, für die Verwendung durch Notfallteams mit einem **außerhalb** des Anzuges getragenen Pressluftatmer.

Chemikalienschutzanzüge sind gasdicht, in der Regel aber nur unzureichend gegen hohe Temperaturen, z. B. Brände, Heißdampf oder tiefe Temperaturen, z. B. verflüssigte Gase, beständig. Deshalb hat der Einsatzleiter über den Einsatz dieser Anzüge in solchen Fällen gesondert zu entscheiden.

Abbildung 3: Chemikalienschutzanzug Typ 1a-ET (links) und Typ 1b-ET (rechts)

■ Körperschutz im ABC-Einsatz

Kann im Verlauf eines Einsatzes nicht vollständig ausgeschlossen werden, dass es zum direkten Kontakt mit radioaktiven, biologischen oder chemischen Stoffen oder Materialien kommt, ist eine der Lage angemessene Schutzkleidung zu tragen. Als geeignet sind insbesondere anzusehen:

- bei der Gefahrengruppe IIA, IIB, IIC – mindestens Körperschutz Form 1,
- bei der Gefahrengruppe IIIA, IIIB, IIIC – Körperschutz Form 2 oder 3.

3.1.3 Dosismess- und Warngeräte

Zur Warnung vor einer Gefährdung von außen sind für Einsätze mit radioaktiven Stoffen und Materialien Mess- und Warngeräte vorgesehen. Der Träger wird bei Erreichen eines festgelegten Einsatzrichtwertes gewarnt.

■ Amtliches Dosimeter

Das amtliche Dosimeter dient zur Dokumentation der im Einsatzverlauf aufgenommenen Personendosis. Es wird unter der Kontaminationsschutzkleidung im Brustbereich getragen. Es ist darauf zu achten, dass das Dosimeter nicht durch andere Ausrüstungsgegenstände außer durch die Kontaminationsschutzkleidung überdeckt wird.

■ Dosiswarngerät

Das Dosiswarngerät warnt den Träger bei Erreichen des einsatzbezogenen Dosisrichtwertes. Da es auch im Einsatz mit der Hand erreichbar sein muss, da Schaltvorgänge erforderlich sein können, ist es bei Körperschutz Form 1 und 2 im Brustbereich erreichbar zu tragen. Beim Körperschutz Form 3 muss das Dosiswarngerät im Inneren des Schutzanzuges getragen werden.

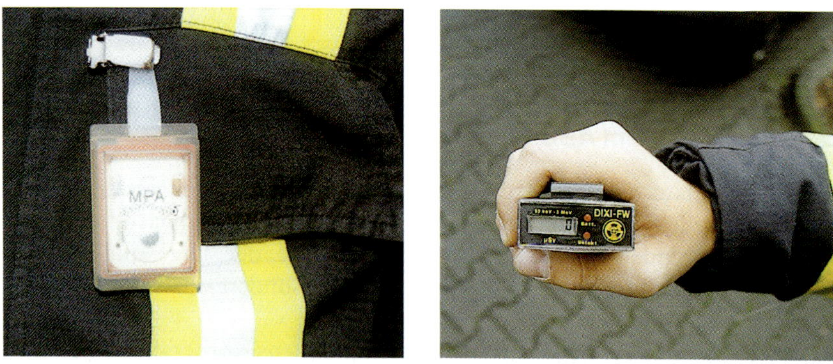

Abbildung 4: Amtliches Dosimeter und Dosiswarngerät

3.2 Sonstige Sonderausrüstungen

Die sonstigen Sonderausrüstungen sind zur Erkundung der Gefahren an ABC-Einsatzstellen und deren Beseitigung bzw. Eingrenzung der Gefahren erforderlich. Sie besteht aus folgenden Teilen:

- Schutzausrüstung am Dekon-Platz,
- Nachweisgeräte,
- sonstige Geräte und Materialien.

Die sonstigen Sonderausrüstungen werden je nach Lage zum Einsatz gebracht. Art, Umfang und Standort dieser Ausrüstung bestimmen sich nach Aufgabenstellung und zu erwartenden Einsätzen.

3.2.1 Schutzausrüstungen am Dekon-Platz

Am Dekon-Platz ist als Inkorporationsschutz gegen staub- oder gasförmige Gefahrstoffe oder Aerosole geringer Konzentration in der Regel ein Atemanschluss (Vollmaske) mit einem Feuerwehrfilter ABEK2-P3 ausreichend. Zum Schutz vor Kontamination sind Einwegschutzanzüge geeignet.

3.2.2 Nachweisgeräte

Zur Erkundung und Beurteilung der Einsatzlage sowie zur Dokumentation werden beim ABC-Einsatz verschiedene Nachweisgeräte an der Einsatzstelle und in deren Umgebung eingesetzt. Der Nachweis von Gefahrstoffen und die Probenahme durch Einsatzkräfte der Feuerwehren ist abhängig von der Lage, den personellen und gerätetechnischen Möglichkeiten sowie von den spezifischen Eigenschaften der vorhandenen Gefahrstoffe.

Der Zeitpunkt des Gefahrstoffnachweises oder der Probenahme hat wesentlichen Einfluss auf die Anwendbarkeit bei einsatztaktischen Entscheidungen und die Festlegung erforderlicher Folgemaßnahmen in Zusammenarbeit mit den dafür zuständigen Fachbehörden.

Folgende Gerätegruppen sind in Abhängigkeit von der Lage und den vorhandenen Gefahrstoffen geeignet:

Geräte zum Nachweis

- explosionsfähiger Gas/Dampf-Luftgemische,
- sonstiger gefährlicher Gase und Dämpfe,
- des Sauerstoffgehalts,
- gefährlicher fester und flüssiger Stoffe und/oder
- gefährlicher Strahlung.

■ Geräte zum Nachweis explosionsfähiger Gas/Dampf-Luftgemische

Wenn bei Einsätzen mit gefährlichen Stoffen mit dem Auftreten von explosionsfähigen Gemischen zu rechnen ist, werden tragbare Messgeräte zum Nachweis explosionsfähiger Gas/Dampf-Luftgemische eingesetzt. Sie ermöglichen ein frühzeitiges Erkennen explosionsfähiger Gas/Dampf-Luftgemische im Bereich der unteren Explosionsgrenze (UEG) und warnen durch einen optischen und akustischen Alarm. Gas/Dampf-Luftgemische oberhalb der UEG werden ebenfalls angezeigt (Maßeinheit: 1 % UEG).

■ Geräte zum Nachweis sonstiger gefährlicher Gase und Dämpfe

Zu den Messgeräte zum Nachweis sonstiger gefährlicher Gase und Dämpfe gehören u.a. die Prüfröhrchensysteme, mit denen annähernd das Vorhandensein, die Art und gegebenenfalls die Menge eines Stoffes in einer Atmosphäre nachgewiesen werden kann.

Mittels der handbetätigten Prüfröhrchenpumpe wird eine bestimmte Menge einer zu prüfenden Atmosphäre durch ein zuvor in Abhängigkeit vom vermuteten Gefahrstoff ausgewähltes Prüfröhrchen gesaugt. Das Messprinzip der Prüfröhrchen basiert auf einer chemischen Reaktion zwischen dem Gefahrstoff und dem im Glasröhrchen befindlichen Präparat. Durch Änderung der Farbe des Präparates wird der Schadstoff nachgewiesen. Anhand der sichtbaren Länge der Verfärbung und der Skala auf dem Prüfröhrchen lassen sich Aussagen zur Konzentration des Gefahrstoffes herleiten.

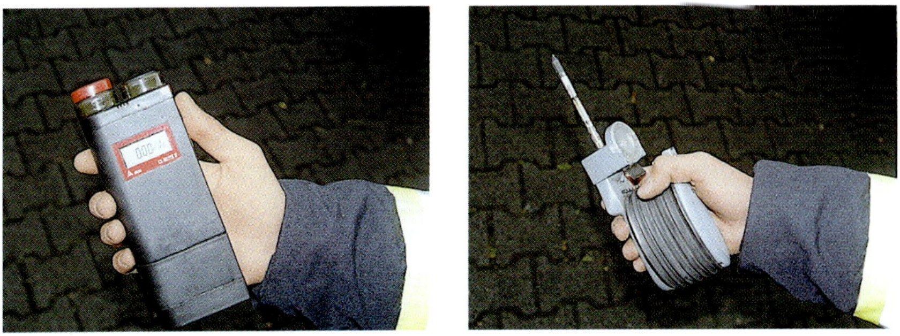

Abbildung 5: Ex-Messgerät und Prüfröhrchensystem

■ Dosisleistungsmessgerät

Dosisleistungsmessgeräte dienen der Messung der Gamma(γ)-Dosisleistung an einem bestimmten Ort. Mit Hilfe der Messwerte kann der vorgehende Trupp den günstigsten Aufenthaltsort (geringste Dosisleistung) bestimmen und der Einsatzleiter die maximale Aufenthaltsdauer des Trupps an diesem Ort überschlägig berechnen:

Einsatzdauer (h) = Dosisrichtwert (mSv) geteilt durch Dosisleistung (mSv/h)

Der kleinste Anzeigebereich soll bei höchstens 0,1 µSv/h beginnen und bis etwa 50 µSv/h reichen; der größte Messbereich muss sich bis mindestens 9 mSv/h erstrecken. Höhere Dosisleistungen sowie Alpha(α)- und Beta(β)-Strahlung sind nur unter Verwendung von Außensonden messbar.

Eine Variante stellen Dosisleistungsmessgeräte mit Teleskopsonden dar. Sie können insbesondere zur Ortung von Strahlenquellen eingesetzt werden, wobei der Messbereich bis mindestens 5 mSv/h reichen muss.

Dosisleistungswarngerät

Dosisleistungswarngeräte dienen der Festlegung der Grenze des Gefahrenbereichs. Bei Erreichen der eingestellten Gamma(γ)-Dosisleistung geben diese Geräte einen Warnton ab, der bei Unterschreiten des Wertes wieder verstummt. Entsprechend der Festlegungen sind die Geräte, die zum Überprüfen der Grenze des Gefahrenbereichs dienen, auf 25 µSv/h einzustellen. Bei Kombinationsgeräten, die der Angriffstrupp mitführt, ist die Dosisleistungswarnschwelle auszuschalten.

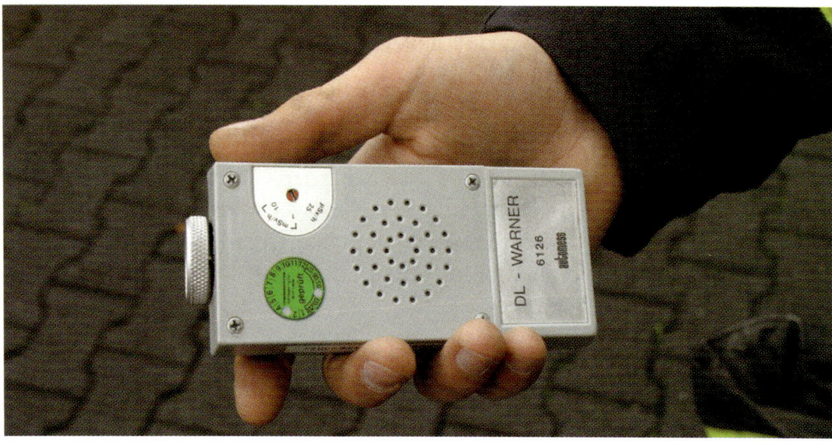

Abbildung 6: Dosisleistungswarngerät

Kontaminationsnachweisgerät

Kontaminationsnachweisgeräte sind Geräte, die bereits auf geringste Kontaminationen mit radioaktiven Stoffen ansprechen. Mit diesen Geräten werden Personen und Material auf Kontamination überprüft, bevor der Gefahrenbereich verlassen werden darf. Kontaminationsnachweisgeräte können mit verschiedenartigen Großflächendetektoren ausgestattet sein, die unterschiedlich empfindlich auf verschiedene Strahlungsarten und -energien reagieren. Hierauf hat der Einsatzleiter beim Einsatz der Geräte besonders zu achten.

3.2.3 Sonstige Geräte und Materialien

Für die Beseitigung bestehender Gefahren sind spezielle Geräte, Reinigungs- und Verbrauchsmaterialien erforderlich. Aufgrund der besonderen Beanspruchung der Geräte und Ausrüstungen, die im Einsatzverlauf mit unterschiedlichen ABC-Gefahrstoffen in Verbindung kommen können, werden an diese besondere Anforderungen bezüglich der chemische Beständigkeit gestellt.

Hinweis: Beständigkeitslisten enthalten Angaben zur mechanischen und thermischen Beständigkeit sowie zur Chemikalienresistenz von Einsatzmitteln. Diese Listen werden vom Hersteller nach meist festgelegten Prüf- und Beurteilungskriterien erstellt.

Um eine Verwechslungsgefahr mit anderen feuerwehrtechnischen Geräten und Ausrüstungen auszuschließen, werden spezielle Kupplungen verwendet.

Für die Probenahme oder zur Dokumentation sind geeignete Behälter und Dokumentationsmittel erforderlich. Für das Markieren der Gefahrenbereiche ist geeignetes Absperrmaterial mitzuführen.

Zur Abwehr bestehender Gefahren durch biologische Stoffe oder Materialien sind für Personen und Geräte geeignete Desinfektionsmittel vorzuhalten. Jede Einrichtung, die ein Labor ab der Sicherheits-/Schutzstufe 2 betreibt, sollte an geeigneter zentraler Stelle eine im Einvernehmen mit der Feuerwehr festgelegte Menge des für den Feuerwehr-Einsatz geeigneten Desinfektionsmittels vorhalten.

3.3 Instandhaltung

Die Sonderausrüstung ist sorgfältig zu behandeln, zu warten und regelmäßig zu prüfen. Prüffristen nach Herstellerangaben sind zu beachten. Für jedes Gerät sind entsprechende Prüf- und Checklisten anzulegen. Zur Überprüfung sowie zur Sicht- und Funktionskontrolle sind die Gerätewarte besonders zu qualifizieren.

3.4 Umfang der Sonderausrüstungen

Für eine Gruppe im ABC-Einsatz ist die persönliche Sonderausrüstung für mindestens sechs Einsatzkräfte vorzuhalten. Von der sonstigen Sonderausrüstung sind für die Gruppe erforderlich:

- 6 Stück Atemfilter ABEK2-P3 (Angriffstrupp, Sicherheitstrupp)
- 2 Stück Filtergeräte mit ABEK2-P3 (Wassertrupp)
- 2 Stück leichte Schutzanzüge (Wassertrupp)
- 7 Stück Handsprechfunkgeräte (Gruppenführer, Maschinist, Angriffstrupp, Sicherheitstrupp)
- geeignetes Absperrmaterial

Zusätzlich für den A-Einsatz:

- 6 Stück amtliche Dosimeter
- 2 Stück Dosisleistungsmessgeräte (Angriffstrupp, Schlauchtrupp)
- 1 Stück Dosisleistungswarngerät (Schlauchtrupp)
- 1 Stück Kontaminationsnachweisgerät (Wassertrupp)

Zusätzlich für den C-Einsatz:

- pH-Wert – Indikatoren
- Öltestpapier
- Lecksuchspray
- Wassernachweispaste
- Prüfröhrchen, mindestens für Stoffe nach vfdb-Richtlinie 10/01
- Explosionsgrenzen-Warngeräte

Je nach Länder-/Standortregelungen ist die Sonderausrüstung durch Arbeitsgeräte und Verbrauchsmaterialien zu ergänzen.

3.5 Sonderfahrzeuge

In Abhängigkeit von der jeweiligen Schadenlage bei einem ABC-Einsatz werden von den Feuerwehren neben den üblichen Löschfahrzeugen und Rüst- bzw. Gerätewagen auch spezielle Fahrzeuge für den ABC-Einsatz eingesetzt. Hierzu gehören z.B. Gerätewagen Gefahrgut, ABC-Erkundungskraftwagen oder Dekontaminations-Lastkraftwagen.

3.5.1 Gerätewagen Gefahrgut GW-G

Der Gerätewagen Gefahrgut GW-G wird zur Durchführung von Einsätzen bei Schadensfällen mit gefährlichen Stoffen und Gütern verwendet. Für eine wirksame Einsatzabwicklung größeren Umfangs ist es erforderlich, den GW-G zusammen mit mindestens einem wasserführenden Löschgruppenfahrzeug und auch einem Rüstwagen RW einzusetzen.

Die Fahrzeugbesatzung des GW-G hat die Aufgabe, die entsprechende Ausrüstung bereitzustellen und auszugeben. Die Einsatzkräfte für die Durchführung des Gefahrguteinsatzes müssen über das LF bzw. HLF herangeführt werden, das auch zur notwendigen Sicherstellung des Brandschutzes dient.

Abbildung 7: Gerätewagen GW-G

3.5.2 ABC-Erkundungskraftwagen ABC-ErkKW

Der ABC-Erkundungskraftwagen dient dem Aufspüren, Messen und Melden radioaktiver und/oder chemischer, sowie dem Erkennen und Melden biologischer Kontamination. Ebenso dient er zum Aufsuchen von verstreuten radioaktiven Bruchstücken, der Kennzeichnung und der messtechnischen Überwachung kontaminierter Bereiche, der Entnahme von Boden-, Wasser- und Luftproben sowie dem Erfassen und Melden von Wetterdaten.

Abbildung 8: ABC-Erkundungskraftwagen ABC-ErkKW

3.5.3 Dekontaminations-Lastkraftwagen „Personen" Dekon-Lkw P

Als Ersatz für die bisherigen Dekontaminations-Mehrzweckfahrzeuge DMF stellte der Bund den Feuerwehren Dekontaminations-Lastkraftwagen „Personen" (Dekon-Lkw-P) zur Verfügung. Im Gegensatz zum bisherigen DMF handelt es sich beim Dekon-Lkw-P um ein reines Transportfahrzeug, dass die zur Personendekontamination erforderliche Ausrüstung bei Bedarf auf der Ladefläche mitführt.

Abbildung 9: Dekontaminations-Lastkraftwagen „Personen" Dekon-Lkw P

3.6 Selbstkontrolle und Testfragen

(Lösungen siehe Seite 88)

1. Welche Teile gehören zu den persönlichen Sonderausrüstungen für den ABC-Einsatz?

a) Feuerwehrschutzkleidung
b) Atemschutzgeräte
c) Dekontaminationsgeräte
d) Dosismess- und Warngeräte

2. Welche Grundsätze müssen beim Einsatz von Atemschutzgeräten beachtet werden?

a) Der Einsatz der Filter muss auf die Art und Konzentration der zu erwartenden oder vorliegenden Schadstoffe abgestimmt sein.
b) Der Einsatz ist so zu planen, dass für eine Dekontamination ausreichend Atemluft im Pressluftatmer verbleibt.
c) Pressluftatmer sollen unter isolierenden Schutzanzügen nur höchstens 30 Minuten genutzt werden.

3. Welche Merkmale weist „Körperschutz Form 3“ auf?

a) Schützt gegen Kontamination mit festen und flüssigen Stoffen.
b) Schützt gegen Kontamination mit gasförmigen Stoffen.
c) Schützt gegen hohe und auch tiefe Temperaturen.
d) Pressluftatmer werden im/außerhalb des Schutzanzuges getragen.

4. Welche Warngeräte werden zum Schutz der Einsatzkräfte im A-Einsatz verwendet?

a) Explosionsgrenzen-Nachweisgeräte
b) Private Dosimeter
c) Amtliche Dosimeter
d) Dosiswarngeräte

5. Welche Schutzausrüstungen müssen am Dekon-Platz verwendet werden?

a) Feuerwehrschutzausrüstungen
b) Atemanschluss (Vollmaske) mit Feuerwehrfilter ABEK2-P3
c) Einwegschutzanzüge
d) Dekontaminationsschutzmasken
e) Auffangplanen

6. Welche Nachweisgeräte werden im ABC-Einsatz verwendet?

a) Geräte zum Nachweis explosionsfähiger Gas/Dampf-Luftgemische
b) Geräte zum Nachweis sonstiger gefährlicher Gase und Dämpfe
c) Dosisleistungsmessgeräte
d) Kontaminationsnachweisgerät

7. Welche Anforderungen werden an Geräte und Ausrüstungen für den ABC-Einsatz gestellt?

a) Keine speziellen Anforderungen.
b) Besondere Anforderungen bezüglich der chemische Beständigkeit.
c) Verwendung spezieller Kupplungen.
d) Müssen sehr leicht sein.
e) Müssen gelb gekennzeichnet sein.

8. Welche Arten von Feuerwehrfahrzeugen sind speziell für den Einsatz bei ABC-Gefahrenlagen ausgerüstet?

a) Biologiefahrzeuge BIF
b) Gerätewagen Gefahrgut GW-G
c) Tragkraftspritzenfahrzeuge TSF
d) Tanklöschfahrzeuge TLF
e) Dekontaminations-Lastkraftwagen „Personen“ Dekon-Lkw P

4 Einsatz

In vielen Fällen müssen sich die Einsatzkräfte der Feuerwehr, die zuerst alarmiert wurden und an der Einsatzstelle eintreffen, wegen fehlender oder unzureichender Sonderausrüstung und Ausbildung darauf beschränken, erste Maßnahmen zur Sicherung der Einsatzstelle und zur Rettung gefährdeter Personen einzuleiten. Hierbei trägt der Einsatzleiter eine besondere Verantwortung für die Sicherheit seiner Einsatzkräfte. Er muss unverzüglich die Alarmierung weiterer ausgebildeter Einsatzkräfte mit der erforderlichen Sonderausrüstung veranlassen.

4.1 Lagefeststellung/Erkundung

Bei der Erkundung der Schadenlage ist eine frühe Feststellung von Art, Eigenschaft und Menge der beteiligten ABC-Gefahrstoffe sowie ihre Auswirkungen auf Menschen, Tiere und Umwelt von entscheidender Bedeutung. Zur eindeutigen Klärung der Eigenschaften vorhandener Stoffe und der von ihnen ausgehenden Gefahren, müssen die Einsatzkräfte alle zur Verfügung stehenden Informationsmöglichkeiten nutzen.

Es gibt grundsätzlich drei Informationsmöglichkeiten

- eigene Wahrnehmungen,
- Informationsquellen, z. B. Fahrer, Begleitpapiere, Kennzeichnung,
- Gefahrstoffnachweis an der Einsatzstelle.

Zur Informationsgewinnung wird folgendes Stufenkonzept angewendet:

- **Stufe 1:** Sofortinformation, z. B. Gefahrzettel, Feuerwehrpläne
- **Stufe 2:** Kurzinformation, z. B. Sicherheitsdatenblätter, Begleitpapiere
- **Stufe 3:** Detaillierte Information, z. B. Datenbanken, Nachschlagewerke
- **Stufe 4:** Experteninformation, z. B. Spezialisten, Gefahrguteinheiten

Das Verfahren zur Feststellung des ABC-Gefahrstoffes oder der Stoffgruppe, insbesondere die Ermittlung der Stoffeigenschaften und der zu treffenden Einsatzmaßnahmen, kann an Einsatzstellen zeitraubend und schwierig und in einigen Fällen, insbesondere bei B-Einsätzen, zeitnah nicht möglich sein. Oft stehen die notwendigen Unterlagen am Einsatzort nicht zur Verfügung.

Abbildung 10: Lageerkundung mit Hilfe eines Feuerwehrplanes

Dies macht es erforderlich, die Feuerwehr-Leitstellen, die auf diese Aufgabe entsprechend vorbereitet sein müssen, in die Ermittlungsaufgaben einzubeziehen und dort die benötigten Informationen abzurufen. Bei der Übertragung von Daten ist auf die sichere Übermittlung sowohl von Produktnamen als auch der damit zusammenhängenden Informationen zur Einsatzleitung zu achten. Die Übertragung erfolgt daher am besten schriftlich per Mobilfax oder per Datenfunk oder durch Buchstabieren mittels Buchstabiertafel.

Bei Schadenfällen in Betrieben, Lagern oder Umschlagstellen für ABC-Gefahrstoffe steht in der Regel neben betrieblichen Einsatzplänen fachkundiges Personal nur während der Arbeitszeit zur Verfügung.

Hinweis: Ladung, Versandstücke, Lagerbehälter, Räumlichkeiten u.Ä. können falsch oder unklar gekennzeichnet sein. Außerdem sind ABC-Gefahrstoffe in Transporteinheiten erst ab einer bestimmten Menge oder verpackungsabhängig kennzeichnungspflichtig. Ein Vergleich der Begleitpapiere mit der Ladung ist nach Möglichkeit durchzuführen.

Es ist ferner besonders zu erkunden, ob gefährliche Stoffe in Erdreich, Gewässer, Kanalisation, tief liegende Räume, Versorgungsleitungen oder in die Umgebungsatmosphäre eindringen können. Die Gefährdung der unmittelbaren oder mittelbaren Nachbarschaft ist zu überprüfen.

4.2 Lagebeurteilung

Zur Beurteilung der möglichen Gefährdung ist neben dem Ausbreitungsverhalten der Gefahrstoffe für AC-Gefahrstoffe die zu erwartende Einsatzdosis aus der Einsatzzeit und der Dosisleistung oder der Konzentration der Gefahrstoffe, für B-Gefahrstoffe das Infektionsrisiko abzuschätzen. Für die Einschätzung dieser Gefahren sind Beurteilungswerte erforderlich, die einen Zusammenhang zwischen Einwirkdosis und der daraus resultierenden Gesundheitsgefahr oder Art des B-Gefahrstoffes und der daraus resultierenden Infektionsgefahr herstellen.

4.2.1 Ausbreitung

ABC-Gefahrstoffe können sich über die Atmosphäre, Gewässer oder durch Verschleppung ausbreiten. Es ist deshalb von besonderer Bedeutung, die meteorologischen und topografischen Verhältnisse zu berücksichtigen. Kontaminationsverschleppung durch Menschen, Tiere, Fahrzeuge und Geräte außerhalb des Gefahrenbereichs ist in die Beurteilung mit einzubeziehen. Mögliche Veränderungen sind zu beachten.

Es ist zu beurteilen, ob die Gefahr besteht, dass eine Stofffreisetzung erst während des Einsatzes ausgelöst werden kann.

4.2.2 Beurteilungswerte

Beurteilungswerte sind für die Lagebeurteilung nur dann sinnvoll, wenn die zugrunde liegenden Konzentrationswerte an der Einsatzstelle auch zeitnah ermittelt werden können. Dies ist derzeit für B-Gefahrstoffe nicht möglich. Beurteilungswerte können herangezogen werden zur Abschätzung der Explosionsgefahr, der Gefahr durch ionisierende Strahlung oder Gesundheitsgefahr.

Tabelle 4: Beurteilungswerte für bestimmte Gefahren

Explosionsgefahr	• der Prozentwert der unteren Explosionsgrenze in der Umgebungsluft (%-UEG)
Gefahr durch ionisierende Strahlung	• die Dosis • die Dosisleistung • die Kontamination
Gesundheitsgefahr durch C-Gefahrstoffe	• der Einsatztoleranzwert (ETW) nach vfdb-Richtlinie 10/01 • der Störfall-Konzentrationsleitwert (AEGL – acute exposure guideline levels) • die maximale Arbeitsplatzkonzentration (MAK) nach TRGS 900

4.3 Einsatzmaßnahmen

Die Vielzahl und Verschiedenartigkeit der denkbaren Schadenfälle lassen es nicht zu, für jeden möglichen Einzelfall Maßnahmen festzulegen. Dies trifft besonders zu, wenn ein Stoff in mehrfacher Hinsicht gefährlich oder wenn mit Gemischen mehrerer ABC-Gefahrstoffe zu rechnen ist. Ein wesentliches Ziel der Einsatzmaßnahmen nach der Menschenrettung muss es sein, Freisetzung und Ausbreitung mit geeigneten Mitteln zu verhindern.

Hinweis: Tätigkeiten an ABC-Einsatzstellen sind häufig sehr umfangreich. Standardisierte Abläufe können daher die Einsatzbewältigung erleichtern.

4.3.1 Fahrzeugaufstellung

Bei der Fahrzeugaufstellung ist zu beachten, dass die Fahrzeuge einsatzfähig und ungefährdet bleiben. Bei unklarer Lage ist ein Sicherheitsabstand von mindestens 50 m zum gemeldeten Objekt einzuhalten. Bei ABC-Einsätzen ist außerdem besonders zu beachten:

- möglichst mit dem Wind anfahren,
- auf Windrichtungsänderungen achten,
- Fahrzeuge in Abhängigkeit vom Stoff nicht in Senken aufstellen,
- auf Gefälle im Gelände achten und
- Fahrzeuge nicht im Gefahrenbereich aufstellen.

Stehen Fahrzeuge des Ersteinsatzes oder für Sonderanwendungen im Gefahrenbereich, so gelten diese bis zum Nachweis des Gegenteils als kontaminiert und dürfen den Gefahrenbereich nicht verlassen.

4.3.2 Erstmaßnahmen

In der ersten Einsatzphase kann es vorkommen, dass Einsatzkräfte nicht über die notwendige ABC-Ausbildung und ABC-Ausrüstung verfügen. Sie können deshalb häufig nicht alle erforderlichen Einsatzmaßnahmen ergreifen. Es können aber mindestens die folgenden Maßnahmen entsprechend der so genannten „GAMS-Regel“ durchgeführt werden:

Gefahr erkennen
Absperren
Menschenrettung durchführen
Spezialkräfte alarmieren

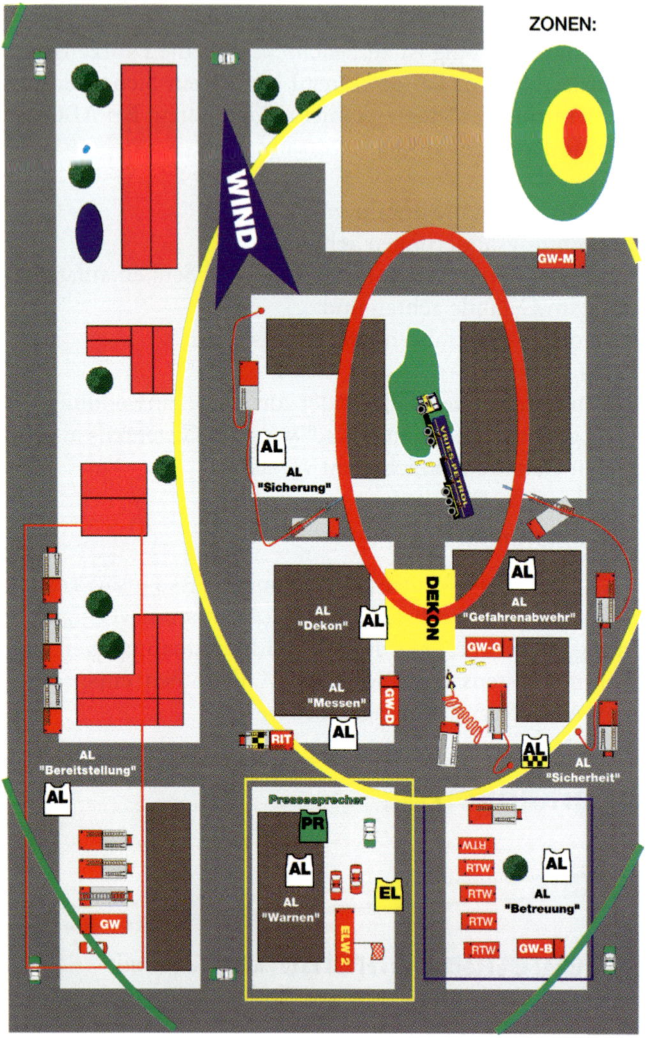

Abbildung 11: Beispielhafte Fahrzeugaufstellung bei einem ABC-Einsatz (Grafik: de Vries/Graeger nach Vorlage Brunacini; aus Graeger et al. „Einsatz- und Abschnittsleitung“, Landsberg 2003)

4.3.3 Ergänzende Maßnahmen

Diese Maßnahmen ergänzen die Erstmaßnahmen. Erstmaßnahmen und ergänzende Maßnahmen können von ABC-Einsatzkräften getroffen werden und sind in der Regel bei allen ABC-Gefahrenlagen zuerst einzuleiten. Sie sind auch dann zu treffen, wenn Art, Eigenschaften und Menge der Gefahrstoffe noch nicht vollständig erkundet wurden. Ergänzende Maßnahmen sind z. B.:

- Verhaltensanweisungen an gefährdete Personen geben,
- Einsatzkräfte schützen,
- Dekontamination/Desinfektion vorbereiten,
- Brandbekämpfung im Gefahrenbereich vorbereiten,
- Informationen über den Gefahrstoff einholen,
- fachkundige Personen und sachverständige Stellen hinzuziehen,
- zuständige Behörden benachrichtigen.

Parallel zu diesen Maßnahmen ist die Erkundung der Gefahrenlage voranzutreiben, um so früh wie möglich die speziellen Maßnahmen einzuleiten. Be-steht der Verdacht, dass abfließendes Wasser (z.B. Löschwasser) mit ABC-Gefahrstoffen kontaminiert ist, müssen Maßnahmen zur Verhinderung einer Ausbreitung (Löschwasserrückhaltung) getroffen werden.

4.3.4 Besondere Einsatzsituationen

Zur Menschenrettung muss unter Umständen eine erhöhte Eigengefährdung der Einsatzkräfte in Kauf genommen werden. Nach Entscheidung des Einsatzleiters können Einsatzkräfte zunächst ohne vollständige Sonderausrüstung vorgehen. Sie sind jedoch mindestens mit Isoliergeräten als Atemschutz auszurüsten. Zur Rettung von Menschenleben sind Einsatzkräfte zum Betreten von Bereichen der Gefahrengruppe III auch dann ermächtigt, wenn keine fachkundige Person zur Verfügung steht. Dies gilt nicht für Bereiche der Gefahrengruppe III mit besonderen Bedingungen, die im Kapitel 5 bis 7 gesondert aufgeführt sind.

Bei der Risikoabwägung trägt der Einsatzleiter hier eine besondere Verantwortung. Bei der Ausbreitung luftgetragener Gefahrstoffe im Freien muss der Einsatzleiter je nach Gefahrenlage entscheiden, ob betroffene Personen unter gewissen Schutzvorkehrungen im Gefahrenbereich verbleiben können oder der Gefahrenbereich zu räumen ist.

Tabelle 5: Entscheidungsgrundlage

Ereignis	Maßnahme	Begründung
Gefahrstoff im Freien	Personen im Gebäude belassen	Gefährdung ist außerhalb größer als im Gebäude
Gefahrstoff im Gebäude	Personen aus Gebäude herausführen	Gefährdung im Gebäude ist größer als außerhalb

4.3.5 Gefahren- und Absperrbereich

Bei allen ABC-Einsätzen sind um das Schadenobjekt ein Gefahrenbereich und ein Absperrbereich zu bilden. Dabei sind bezüglich der möglichen Ausbreitung die meteorologischen und topografischen Verhältnisse zu berücksichtigen. Im Gefahrenbereich ist das Rauchen, Essen und Trinken verboten. Der Absperrbereich dient als Aufstell-, Bewegungs- und Bereitstellungsfläche für Feuerwehr und Rettungsdienst.

Gefahrenbereich (rot)

- kürzester Abstand ca. 50 m
- Zutritt nur für Einsatzkräfte unter persönlicher Sonderausrüstung
- Festlegen, Markieren und Sichern durch die **Feuerwehr**

Absperrbereich (grün)

- kürzester Abstand ca. 100 m
- Zutritt nur für die erforderlichen Einsatz- und Unterstützungskräfte
- Markieren und Sichern im Regelfall durch die Polizei

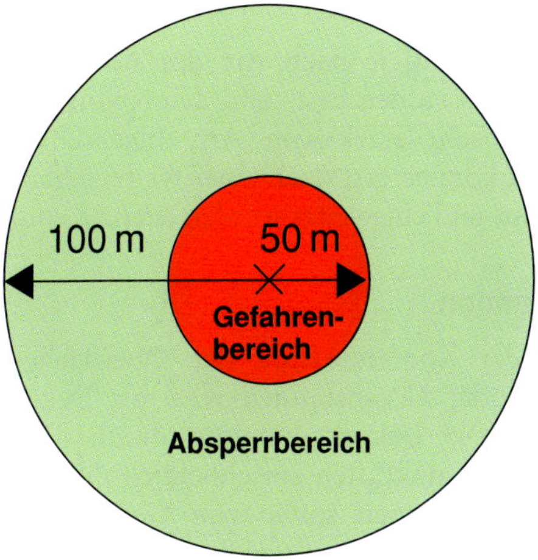

Abbildung 12: Schematische Darstellung von Gefahren- und Absperrbereich

Bei der Festlegung der Grenzen sind die Windverhältnisse zu berücksichtigen. Bereiche mit Verdacht auf Kontamination sind in den Gefahrenbereich mit einzubeziehen. Ergibt die weitere Erkundung genauere Erkenntnisse über die Gefahrenlage, so sind Gefahrenbereich und Absperrbereich entsprechend anzupassen. Ist weder eine Gefährdung der Umgebung zu erkennen noch eine Gefahr außerhalb des Schadenobjektes gegeben, kann die Grenze des Gefahrenbereichs bis auf 5 m an das Schadenobjekt herangezogen werden.

Ist mit Sicherheit, z.B. durch Ortskenntnis oder weitere Erkundung, davon auszugehen, dass eine Gefährdung nur in einem bestimmten Teilbereich eines Gebäudes oder einer Anlage besteht, so kann die Grenze des Gefahrenbereichs auf Weisung des Einsatzleiters in das Gebäude oder die Anlage verlegt werden. Bei bestehender Explosions- oder Zerknallgefahr ist der Gefahrenbereich erheblich zu erweitern und jede Deckungsmöglichkeit zu nutzen.

4.3.6 Spezielle Maßnahmen

Spezielle Maßnahmen sind je nach Art des ABC-Gefahrstoffes und der Gefahrenlage zusätzlich zu den Erst- und den ergänzenden Maßnahmen zu treffen. Sie hängen sehr stark von Art, Eigenschaft und Menge der Gefahrstoffe ab und können erst nach einer weitergehenden Erkundung der Gefahrenlage geplant und eingeleitet werden *(siehe Kapitel 5 bis 7)*.

4.3.7 Dekontamination

Die Reduzierung der Kontamination der Oberflächen von Lebewesen, Boden, Gewässern oder Gegenständen wird als Dekontamination (kurz: Dekon) bezeichnet. Die Dekontamination durch die Feuerwehr ist die Grobreinigung von Einsatzkräften einschließlich ihrer Schutzkleidung, von anderen betroffenen Personen sowie von Geräten. Sie beinhaltet auch Maßnahmen zur Desinfektion bei B-Gefahrstoffen *(siehe Kapitel 8)*.

4.3.8 Abschließende Maßnahmen

Zum Abschluss des Einsatzes sind u.a. folgende Maßnahmen durchzuführen:

■ Aufräumungsarbeiten

Aufräumungsarbeiten durch die Feuerwehr werden nur im Rahmen der Gefahrenabwehr durchgeführt. Belange der Spurensicherung (Rücksprache mit den Strafverfolgungsbehörden) sind möglichst zu beachten.

■ Übergabe der Einsatzstelle/des Gefahrenbereichs

Der Gefahrenbereich wird bei ABC-Einsätzen grundsätzlich nicht von der Feuerwehr freigegeben, sondern immer an die zuständige Behörde übergeben. Dies kann z.B. der Straßenbaulastträger (z.B. bei Ölspur), die Umweltbehörde, die untere Wasserbehörde oder das Gewerbeaufsichtsamt sein.

Sind diese Stellen nicht verfügbar, so wird die Einsatzstelle zur weiteren Absicherung/Absperrung an die zuständige Behörde übergeben, wenn von der Einsatzstelle keine weitere Gefahr ausgehen kann.

■ Ausrüstung

Kontaminierte Ausrüstungsgegenstände sind in geeigneter Weise zu verpacken und zu kennzeichnen. Über eine fachgerechte Reinigung oder Entsorgung ist zu entscheiden.

■ Bedarfsweise Überwachung der Einsatzkräfte

Kontaminierte Einsatzkräfte oder Einsatzkräfte, bei denen eine Dosisüberschreitung vorliegt oder der Verdacht auf Inkorporation besteht, sind nach einer Dekontamination einem ermächtigten Arzt vorzustellen. Besondere Vorkommnisse während eines ABC-Einsatzes, insbesondere Verletzungen sowie die Einwirkung von ABC-Gefahrstoffen auf die Einsatzkräfte durch Inkorporation, Kontamination oder gefährliche Einwirkung von außen, sind zu dokumentieren und mindestens 30 Jahre (!) aufzubewahren. Die Gefahr einer Kontaminationsverschleppung im Rahmen der abschließenden Maßnahmen ist besonders zu beachten.

4.4 Selbstkontrolle und Testfragen

(Lösungen siehe Seite 88)

1. Welche Informationsmöglichkeiten über Eigenschaften und Gefahren der Gefahrstoffe werden grundsätzlich genutzt?

a) eigene Wahrnehmungen
b) Informationsquellen, z.B. Fahrer, Begleitpapiere, Kennzeichnung
c) Gerüchte und Vermutungen
d) Gefahrstoffnachweis an der Einsatzstelle

2. Wodurch kann die Lagefeststellung/Erkundung erschwert bzw. verfälscht werden?

a) Durch falsch oder unklar gekennzeichnete Ladung, Versandstücke, Lagerbehälter, Räumlichkeiten u. Ä.
b) Durch nicht kennzeichnungspflichtige ABC-Gefahrstoffe in Transporteinheiten unterhalb bestimmter Mengenbegrenzungen.
c) Durch Kompetenzgerangel zwischen Fachbehörden und Feuerwehren an der Einsatzstelle.

3. Welche Beurteilungswerte können zur Abschätzung der Gefahren herangezogen werden?

a) Der Prozentwert der unteren Explosionsgrenze.
b) Die Dosisleistung ionisierender Strahlung.
c) Der Gefahrstoffabwehrindex.
d) Die maximale Arbeitsplatzkonzentration.

4. Welche Grundsätze gelten für die Fahrzeugaufstellung?

a) Möglichst mit dem Wind anfahren.
b) Fahrzeuge nicht im Gefahrenbereich aufstellen.
c) Fahrzeuge windgeschützt in Senken aufstellen.
d) Fahrzeuge mindestens 75 m vom Einsatzort entfernt aufstellen.

5. Entsprechend welcher Regel werden Mindestmaßnahmen durchgeführt?

a) „FUCHS-Regel"
b) „DACHS-Regel"
c) „GSG-Regel"
d) „GAMS-Regel"
e) „AAAACEEEE-Regel"

6. Welche Maßnahmen ergänzenden die Erstmaßnahmen?

a) Durchführung der Menschenrettung.
b) Alarmierung von Spezialkräften.
c) Einholen von Informationen über den Gefahrstoff.
d) Vorbereitung der Dekontamination/Desinfektion.
e) Vorbereitung der Brandbekämpfung im Gefahrenbereich.
f) Benachrichtigung der zuständigen Feuerwehr.

7. Welcher Sicherheitsabstand vom Schadenobjekt ist einzuhalten?

a) Gefahrenbereich – größter Abstand maximal 50 m.
b) Gefahrenbereich – kürzester Abstand ca. 50 m.
c) Absperrbereich – größter Abstand maximal 100 m.
d) Absperrbereich – kürzester Abstand ca. 100 m.
e) Gefahren- und Absperrbereich – Abstand mindestens 75 m.

8. Welche Maßnahmen umfasst die Dekontamination durch die Feuerwehr?

a) Die Grobreinigung von Einsatzkräften.
b) Die Grobreinigung der Schutzkleidung der Einsatzkräfte.
c) Die Grobreinigung der betroffenen Personen sowie Geräte.
d) Die Grobreinigung von kontaminiertem Erdreich.
e) Die Beseitigung von kontaminiertem Erdreich.

5 A-Einsatz

Der A-Einsatz ist das Tätigwerden von Einsatzkräften an Einsatzstellen, an denen Gefahren durch radioaktive Stoffe und Materialien erkennbar sind oder vermutet werden.

5.1 Lagefeststellung/Erkundung

Die Lagefeststellung an Einsatzstellen mit A-Gefahrstoffen wird maßgeblich von Art und Menge der radioaktiven Stoffe und Materialien bestimmt. Insbesondere sind folgende Fragen zu klären:

- Welche Dosisleistung liegt vor?
- Um welches Radionuklid handelt es sich?
- Welche Strahlung wird erzeugt?
- In welcher Form liegt der radioaktive Stoff vor?
- Besteht die Gefahr, dass die Umhüllung von Stoffen zerstört wurde?
- Sind radioaktive Stoffe frei geworden?
- Welcher Art ist die vorhandene Abschirmung?
- Besteht die Gefahr der Ausbreitung durch Brandrauch oder Löschwasser?

Liegen keine ausreichenden Erkenntnisse vor, sind die zur Erkundung vorgehenden Trupps mit Körperschutz Form 2 auszurüsten.

Im Rahmen der Lagebeurteilung hat der Einsatzleiter insbesondere festzulegen, ob es sich um einen

- Einsatz zum Schutz von Sachwerten,
- Einsatz zur Abwehr von Gefahren für Menschen,
- Einsatz zur Verhinderung einer wesentlichen Schadenausweitung oder
- Einsatz zur Rettung von Menschenleben handelt.

Entsprechend dieser Einsatzgliederung sind unterschiedliche Dosisrichtwerte zu beachten. Da ein Schutz der Einsatzkräfte vor äußerer Gamma(γ)-Strahlung nicht möglich ist, wurden Dosisrichtwerte festgelegt, die das Einsatzrisiko in ein zum Einsatzerfolg vertretbares Verhältnis setzen. Zu beachten ist:

- Die maximale Körperdosis von 250 mSv darf im Einsatz auf Anweisung des Einsatzleiters nur in Ausnahmefällen überschritten werden, wenn dies nach Beurteilung einer fachkundigen Person unverzichtbar und vertretbar ist. Die betroffenen Einsatzkräfte müssen hierauf hingewiesen werden.
- Bei der Aus- und Fortbildung darf die Körperdosis von 1 mSv pro Jahr nicht überschritten werden.

Tabelle 6: Zulässige Dosisrichtwerte

Einsatzanlass	Dosisrichtwert
Einsatz zum Schutz von Sachwerten	15 mSv je Einsatz
Einsatz zur Abwehr von Gefahren für Menschen	100 mSv je Einsatz und Kalenderjahr
Einsatz zur Verhinderung einer wesentlichen Schadenausweitung	100 mSv je Einsatz und Kalenderjahr
Einsatz zur Rettung von Menschenleben	250 mSv je Einsatz und Leben

5.2 Einsatzmaßnahmen

Je nach Zuständigkeitsregelungen sind die wesentlichen Aufgaben der Feuerwehr im A-Einsatz:

- Gefahrenbereiche erkunden und absperren,
- Menschen in Sicherheit bringen,
- die Ausbreitung radioaktiver Stoffe und Materialien verhindern.

Letzteres kann das Sichern eines frei gewordenen radioaktiven Stoffes in einem dichten Behälter/Abschirmbehälter und das Verbringen an eine sichere

Stelle erforderlich machen. Ist dies nicht möglich oder nicht zumutbar, so sollte mindestens versucht werden, die radioaktiven Stoffe behelfsmäßig abzuschirmen und eine Gefahrenausbreitung aus diesen Bereichen zu unterbinden. Insbesondere ist zu vermeiden, dass radioaktive Stoffe durch Einsatzmaßnahmen unnötig verbreitet werden, z.B. Türen zu Kontrollbereichen schließen. Weitergehende Maßnahmen erfolgen nur auf Anweisung der zuständigen Behörde im Rahmen der Amtshilfe.

5.2.1 Gefahrenbereich

Nach Messung ist der Gefahrenbereich so zu legen, dass die Gamma(γ)-Dosisleistung außerhalb des Gefahrenbereiches 25 µSv/h nicht überschreitet. Die Dosisleistung an der Grenze des Gefahrenbereiches ist während der Gesamtdauer des Einsatzes mithilfe von Dosisleistungswarngeräten laufend zu überprüfen. Da die Dosisleistungswarngeräte ausschließlich die Gamma(γ)-Dosisleistung messen, sind Bereiche, bei denen eine Kontamination oder der Verdacht auf eine Kontamination besteht, z.B. durch luftgetragene radioaktive Stoffe, in den Gefahrenbereich mit einzubeziehen.

5.2.2 Grundsätze

Die Einsatzmaßnahmen sind so zu planen, dass jede unnötige Strahlenexposition oder Kontamination von Menschen und Umwelt vermieden wird. Soweit zeitlich möglich, ist der Einsatzablauf für die vorgehenden Einsatzkräfte aufgrund vorhandener Erkundungsergebnisse vorab detailliert zu planen. Die vorgehenden Einsatzkräfte sind in den vorgesehenen Ablauf einzuweisen.

■ Abstand halten

Die im Einsatz erhaltene Personendosis ist umso geringer je größer der Abstand zur Strahlenquelle ist. Für Manipulationen am Strahler oder zur Bergung von radioaktiven Stoffen sind daher Hilfsmittel wie Ferngreifer, Schaufeln usw. zu nutzen. Zur Messung der Dosisleistung in der Umgebung starker Strahlenquellen ist die Verwendung von teleskopierbaren Sonden sinnvoll.

■ Aufenthaltsdauer begrenzen

Je kürzer die Aufenthaltsdauer im Strahlungsfeld ist, desto geringer ist die aufgenommene Dosis. Dieser Grundsatz gewinnt umso mehr an Bedeutung, je höher die Dosisleistung ist.

■ Abschirmung nutzen

Durch Nutzung von Deckungsmöglichkeiten aus massivem Material, z.B. Wände, Erdwälle, wird die Dosisleistung und dadurch die Personendosis stark reduziert. Es ist darauf zu achten, dass Abschirmungen zerstört oder unwirksam sein können. Bei der Sicherung radioaktiver Stoffe ist auf eine ausreichende Abschirmwirkung des Sicherungsbehältnisses zu achten. Dies gilt insbesondere dann, wenn diese Behältnisse aus dem Gefahrenbereich gebracht werden müssen.

■ Abschalten

Röntgengeräte und Anlagen zur Erzeugung ionisierender Strahlen sind abzuschalten. Dabei ist zu beachten, dass, sofern beim Betrieb der Anlage Neutronen oder hoch energetische Gammastrahlung (größer 20 MeV) entstehen, auch nach dem Abschalten noch höhere Dosisleistungen vorliegen können.

5.2.3 Strahlenschutzüberwachung

Unmittelbar nach der Ausrüstung der Trupps außerhalb des Gefahrenbereiches beginnt die Strahlenschutzüberwachung. Diese dient dem Schutz der Einsatzkräfte, die im Gefahrenbereich arbeiten. Hierzu wird die Strahlenexposition dokumentiert und bewertet.

Es ist außerdem sinnvoll, bereits zu diesem Zeitpunkt die Nullrate außerhalb des Gefahrenbereiches mit dem Kontaminationsnachweisgerät zu messen. Zur Kontrolle sollte dieser Wert mit der dort üblichen Nullrate verglichen werden.

Dosisleistung

Mit dem Vorgehen des 1. Trupps wird ständig die Dosisleistung gemessen. Insbesondere während des Aufenthalts im Gefahrenbereich hat jeder einzelne Trupp die Dosisleistung an seinem jeweiligen Aufenthaltsort zu messen und bei größeren Veränderungen an den Einsatzleiter zu melden. Die Dosisleistung ermöglicht

- eine Abschätzung der zu erwartenden Dosis,
- die Festlegung von Zeitbeschränkungen bei der Strahlenexposition,
- die Festlegung von Mindestabständen zu Strahlenquellen.

Als Angriffswege und Aufenthaltsorte sind nach Möglichkeit Bereiche mit geringen Dosisleistungen zu wählen.

Personendosis

Die Personendosis ist nach dem Einsatz unverzüglich durch Auswerten der amtlichen Dosimeter von der zuständigen Stelle festzustellen. Über die gemessenen Werte ist ein Nachweis zu führen. Das Erreichen bestimmter Dosiswerte wird im Einsatz durch das Dosiswarngerät angezeigt. Dieses ist gemäß des Einsatzanlasses auf den befohlenen Dosisrichtwert einzustellen.

Umgebungsüberwachung

Bei Anwesenheit offener radioaktiver Stoffe oder Beschädigung von Umhüllungen umschlossener radioaktiver Stoffe besteht die Gefahr einer Kontaminationsausbreitung mit nachfolgender Inkorporationsgefahr besonders für luftgetragene radioaktive Stoffe oder in Verbindung mit Brandrauch und Löschwasser. Die Umgebungsüberwachung ist auf Veranlassung von den zuständigen Stellen durchzuführen.

5.2.4 Besondere Einsatzsituationen

Abweichend bzw. ergänzend zu den zuvor geschilderten Einsatzmaßnahmen müssen in bestimmten Einsatzsituationen besondere Regeln beachtet werden.

■ Menschenleben in Gefahr

Zur Rettung von Menschenleben, die keinerlei Zeitverzug erlaubt, kann zunächst ohne vollständige Sonderausrüstung vorgegangen werden. Bei Einsätzen zur Menschenrettung in den Gefahrengruppen IIA und IIIA sind die Einsatzkräfte jedoch mindestens mit Isoliergeräten, Körperschutz Form 1, amtlichem Dosimeter und Dosiswarngerät auszurüsten.

Bei Transportunfällen kann zur Menschenrettung auch ohne Körperschutz Form 1, amtlichem Dosimeter und Dosiswarngerät vorgegangen werden. Mindestens sind jedoch Isoliergeräte zu tragen.

Hinweis: Bereiche der Gefahrengruppe IIIA, in denen mit Kernbrennstoffen (§§ 6, 7 und 9 AtG) umgegangen wird, dürfen ohne Anwesenheit des zuständigen Strahlenschutzbeauftragten oder des fachkundigen Strahlenschutzverantwortlichen oder einer im Rahmen einer zwischen dem Betreiber und der Feuerwehr geschlossenen Handlungsvereinbarung genannten fachkundigen Person auf keinen Fall – auch nicht zur Rettung von Menschenleben – betreten werden!

■ Lokalisierung von Strahlenquellen

Die Suche nach Strahlenquellen verbunden mit der Prüfung, ob von dem radioaktiven Material eine Kontaminations- und Inkorporationsgefahr ausgeht, kann z.B. bei Verlust eines Strahlers infolge eines Transportunfalls nötig werden. Ebenso kann es erforderlich werden, an einem verdächtigen Gegenstand zu prüfen, ob dieser radioaktives Material beinhaltet und welche Strahlungsarten von dem Material ausgehen.

Die Strahlersuche (Gamma-Quellen) selbst erfolgt durch koordiniertes Absuchen mittels Dosisleistungsmesser, wobei die Verwendung einer Teleskopsonde sinnvoll und die eingeschaltete akustische Anzeige hilfreich ist. Muss damit gerechnet werden, dass der Strahler sehr schwach (Aktivität kleiner 1 MBq) ist oder keine Gamma(γ)-Strahlung vorliegt, ist die Suche ergänzend mit einem Kontaminationsnachweisgerät mit eingeschalteter akustischer Anzeige durchzuführen. Dazu muss das geeignete Zählrohr verwendet werden. Es ist hierbei unbedingt zu vermeiden, dass die Oberfläche des Kontaminationsnachweisgerätes durch Kontakt mit der zu messenden Fläche kontaminiert wird.

■ Sicherung unklarer Strahlenquellen

Radioaktives Material oder Strahlenquellen sind während des Einsatzes oder nach dessen Abschluss soweit wie möglich zu sichern. Dazu werden durchdringende Strahlen (Gamma- und Neutronenstrahlung) abgeschirmt und die Verbreitung offener oder frei gewordener Radionuklide vermieden. Die Verbreitung des Materials kann durch Einbringen in Folienbeutel, Kunststoffgebinde oder dergleichen verhindert werden. Diese Umhüllung ist möglichst dicht zu verschließen. Kontaminierte Flächen können mit Folien oder Planen abgedeckt oder mit handelsüblichem Sprühlack fixiert werden, um eine Kontaminationsverschleppung einzudämmen.

■ Versorgung von Verletzten

Die rettungsdienstliche Versorgung hat absoluten Vorrang vor den Strahlenschutzmaßnahmen. Es sollen im Gefahrenbereich nur die unbedingt notwendigen, lebensrettenden Sofortmaßnahmen durchgeführt und Betroffene dann aus diesem Bereich gerettet werden, bevor weitere medizinische Maßnahmen erfolgen. Bei der Rettung sollen durch überlegte und zielstrebige Maßnahmen die Ausbreitung von Kontamination und die Inkorporation vermieden werden. Die Feuerwehr übergibt Betroffene an der Grenze des Gefahrenbereichs an den Rettungsdienst. Das Rettungsdienstpersonal wird auf einen Kontaminationsverdacht hingewiesen.

Bei Beförderung kontaminierter Personen ist Schutzkleidung zur Vermeidung einer Eigenkontamination oder Inkorporation in dem Maß ausreichend, wie sie auch zur Vermeidung von Infektionen, die über die Luft übertragen werden können (z.B. Tuberkulose), üblich ist. Einsatzkräfte mit offenen Wunden sind zur Vermeidung einer Inkorporation sofort abzulösen. Nicht verletzte Betroffene sind bei Verdacht auf Inkorporation oder starker Strahlenexposition einem nach § 64 StrlSchV ermächtigten Arzt vorzustellen oder an das regionale Strahlenschutzzentrum zu vermitteln.

5.3 Ärztliche Überwachung und Nachsorge

Alle Personen, die an Einsätzen in Bereichen der Gefahrengruppen IIA und IIIA teilgenommen haben, sind namentlich zu erfassen. Einsatzkräfte, die während eines Einsatzes eine Dosis von mehr als 15 mSv erhalten haben, sind ärztlich zu überwachen. Dieses kann im Rahmen einer regelmäßigen Untersuchung geschehen. Bei Verdacht einer Inkorporation oder Erhalt einer Dosis von mehr als 50 mSv hat der Einsatzleiter unverzüglich nach Beendigung des Einsatzes dafür zu sorgen, dass die betroffenen Einsatzkräfte einem ermächtigten Arzt vorgestellt werden. Vorhandene Unterlagen über den Einsatz sind dem ermächtigten Arzt zur Verfügung zu stellen. Die Unterlagen sind anschließend gemeinsam mit den Einsatzunterlagen aufzubewahren.

5.4 Selbstkontrolle und Testfragen

(Lösungen siehe Seite 88)

1. Welche Fragen sind bei der Lagefeststellung zu klären?

a) Welche Dosisleistung liegt vor?
b) In welcher Form liegt der radioaktive Stoff vor?
c) Welche Art der Desinfektion ist geeignet?
d) Welcher Art ist die vorhandene Abschirmung?
e) Sind ansteckungsgefährliche Stoffe frei geworden?

2. Welche grundsätzlichen Einsatzmaßnahmen sind zu beachten?

a) Abstand halten.
b) Aufenthaltsdauer begrenzen.
c) Abschirmungen nutzen.
d) Andere Organisationen einsetzen.
e) Abschalten.

3. Das Messen der Dosisleistung ermöglicht .....?

a) eine Abschätzung der zu erwartenden Dosis,
b) die Festlegung von Zeitbeschränkungen bei der Strahlenexposition,
c) die Festlegung von Mindestabständen zu Strahlenquellen,
d) die Auswahl der Angriffswege und Aufenthaltsorte.

4. Mit welcher Ausrüstung sind Einsatzkräfte bei einer Menschenrettung in den Gefahrengruppen IIA und IIIA auszustatten?

a) Isoliergeräte und Körperschutz Form 1.
b) Explosionsschutzmessgerät.
c) Kontaminationsnachweisgerät.
d) Amtliches Dosimeter und Dosiswarngerät.
e) Dosisleistungsmessgerät.

6 B-Einsatz

Der B-Einsatz ist das Tätigwerden von Einsatzkräften an Einsatzstellen, an denen Gefahren durch biologische Stoffe und Materialien erkennbar sind oder vermutet werden.

6.1 Lagefeststellung/Erkundung

Die Lagefeststellung an Einsatzstellen mit B-Gefahrstoffen wird maßgeblich von Art und Menge der biologischen Stoffe und Materialien bestimmt. Insbesondere sind folgende Fragen zu klären:

- Um welche Materialien/Mikroorganismen handelt es sich?
- Welcher Risikogruppe werden sie zugeordnet?
- Sind ansteckungsgefährliche Stoffe frei geworden?
- Wie sind die Eigenschaften (Übertragungswege, Infektionswege, ...)?
- In welcher Art und Menge liegen sie vor?
- Wo sind die Standorte von Kühl-, Gefrier- und Brutschränken?
- Welcher Art und aus welchem Material sind die Aufbewahrungsbehälter?
- Welche Art der Desinfektion ist geeignet?
- Wo ist vor Ort das Desinfektionsmittel gelagert?
- Besteht die Gefahr der Ausbreitung z.B. über die Atmosphäre?
- Gibt es Rückhalteeinrichtungen?
- Wie funktionieren die Schleusen und das Lüftungssystem?

Anlagen, Räume und Transportbehälter, in denen sich B-Gefahrstoffe befinden oder die mit solchen Stoffen kontaminiert sind, sind entsprechend den gesetzlichen Vorschriften gekennzeichnet. In medizinischen Bereichen gibt es jedoch Ausnahmen von der Anzeige-, Genehmigungs- und Kennzeichnungspflicht. Auf die Erkundung vor Ort ist hier besonderer Wert zu legen. Liegen keine ausreichenden Erkenntnisse vor, sind die Trupps zur Erkundung mit Körperschutz Form 3 auszurüsten.

Hinweis: Häufig besteht an Einsatzstellen mit biologischen Arbeitsstoffen zusätzlich eine Gefährdung durch chemische Stoffe. Falls auch radioaktive Stoffe vorliegen, sind diese Bereiche entsprechend gekennzeichnet!

6.2 Einsatzmaßnahmen

Die wesentlichen Aufgaben der Feuerwehr im B-Einsatz sind:

- Gefahrenbereiche erkunden und absperren,
- Menschen in Sicherheit bringen,
- die Ausbreitung biologischer Stoffe und Materialien verhindern.

Letzteres erfordert unter Umständen das Sichern der B-Gefahrstoffe in einem dichten Behälter und das Verbringen an eine nicht gefährdete Stelle oder die Inaktivierung z.B. durch ein geeignetes und hierfür zugelassenes Desinfektionsmittel. Ist dies nicht möglich oder nicht zumutbar, so sollte mindestens versucht werden, die Umgebung der betroffenen Bereiche abzusperren, in geeigneter Weise zu desinfizieren und eine Gefahrenausbreitung aus diesen Bereichen zu unterbinden.

Es ist zu vermeiden, dass B-Gefahrstoffe durch Einsatzmaßnahmen unnötig verbreitet werden (z.B. Türen schließen, sparsamer Löschmitteleinsatz). Weiter gehende Maßnahmen erfolgen nur auf Anweisung der zuständigen Behörde im Rahmen der Amtshilfe.

6.2.1 Gefahrenbereich

Nach der Erkundung sind die erkennbaren (gekennzeichneten) Bereiche, in denen biologische Arbeitsstoffe vorhanden sind oder vermutet werden, gleichzeitig Grundlage für die Festlegung des Gefahrenbereichs. Treten außerhalb dieser Bereiche Flüssigkeiten (Löschwasser) oder andere Emissionen auf, so ist entsprechend der Ausbreitung der Gefahrenbereich zu vergrößern.

6.2.2 Grundsätze

Die Einsatzmaßnahmen sind so zu planen, dass jede unnötige Verbreitung biologischer Gefahrstoffe oder jede Kontamination von Menschen und Umwelt vermieden wird. Schleusen dürfen nur nach Rücksprache mit fachkundigen Personen deaktiviert werden. In Anlagen mit B-Gefahrstoffen dürfen Türen und Fenster nur geöffnet werden, wenn dies für den Einsatz unbedingt erforderlich ist. Um eine Brand- und Rauchausbreitung sowie Kontamination so gering wie möglich halten, sind Türen und Fenster nach Betreten oder Kontrolle eines Raumes sofort wieder zu schließen. Geschlossene Behälter, Verpackungen, Schränke mit unbekanntem Inhalt oder B-Gefahrstoffen dürfen nicht geöffnet werden. Einsatzstellen, die über Schleusen zugänglich sind, dürfen nur über diese betreten und wieder verlassen werden.

6.2.3 Feststellung von Kontamination und Inkorporation

Eine Überprüfung auf Kontamination oder Inkorporation an der Einsatzstelle ist messtechnisch zurzeit nicht möglich. Alle Personen, Geräte und sonstigen Gegenstände, die in Bereichen der Gefahrengruppen IIB oder IIIB eingesetzt werden, gelten als kontaminiert, bis entweder entsprechend desinfiziert und gereinigt wurde oder eine fachkundige Person eine Kontamination mit B-Gefahrstoffen mit Sicherheit ausschließen kann.

6.2.4 Besondere Einsatzsituationen

Abweichend bzw. ergänzend zu den zuvor geschilderten Einsatzmaßnahmen müssen in bestimmten Einsatzsituationen besondere Regeln beachtet werden.

■ Menschenleben in Gefahr

Zur Rettung von Menschenleben, die keinerlei Zeitverzug erlaubt, können nach Entscheidung des Einsatzleiters erste Maßnahmen zunächst unter Verzicht einzelner vorgegebener Schutzmaßnahmen durchgeführt werden. Insbesondere sind Abweichungen von der persönlichen Schutzausrüstung möglich.

In der Gefahrengruppe IIIB sind die Einsatzkräfte mindestens mit Isoliergeräten und Körperschutz Form 1 auszurüsten.

Hinweis: Bereiche der Gefahrengruppe IIIB, in denen mit biologischen Stoffen der Sicherheits-/Schutzstufe oder Risikogruppe 4 umgegangen wird, dürfen ohne Anwesenheit des Erlaubnisinhabers nach Infektionsschutzgesetz oder einer im Rahmen einer zwischen Betreiber und Feuerwehr geschlossenen Handlungsvereinbarung genannten fachkundigen Person auf keinen Fall – auch nicht zur Rettung von Menschenleben – betreten werden!

■ Brandbekämpfung und Hilfeleistung

Schleusen dürfen nicht durch verlegte Schläuche außer Funktion gesetzt werden! Tragbare Löscher, Kübelspritzen, kleinere fahrbare Löschgeräte (z.B. PG 50) sind je nach Lage bevorzugt zu verwenden. Das Öffnen von Fenstern zur Querbelüftung darf nur nach Rücksprache mit einer fachkundigen Person erfolgen. Entstehungsbrände sind, soweit möglich, mit Kohlendioxid zu löschen. Wasser sollte nur äußerst sparsam und vorsichtig verwendet werden.

In Bereichen der Gefahrengruppe IIIB ist besonders auf Löschwasser-Rückhaltung zu achten.

■ Kontaminationsverdächtigen Personen und Gegenständen

Personen, bei denen ein Verdacht auf Kontamination nicht ausgeschlossen werden kann, haben die Kleidung am Dekon-Platz abzulegen. Hände, Gesicht, Haare und benetzte Körperstellen sind zu desinfizieren und zu reinigen. Kontaminierte Kleidung, Ausstattung und sonstige Gegenstände, die aus dem Gefahrenbereich herausgebracht werden müssen, sind im Schwarzbereich des Dekon-Platzes zu sammeln, in Foliensäcke dicht zu verpacken und zu beschriften.

Die Desinfektion oder Entsorgung ist später von fachkundigem Personal durchzuführen.

■ Versorgung von Verletzten

Die Versorgung und der Transport von kontaminationsverdächtigen Verletzten erfolgt nach den geltenden Rechtsvorschriften. Verletzungen von Einsatzkräften (auch Bagatellverletzungen) sind dem Einsatzleiter unverzüglich zu melden. Beim Umgang mit Personen, die mit Erregern der Risikogruppe 4 infiziert sind oder bei denen der Verdacht besteht, mit diesen Erregern infiziert zu sein, sind Sicherheitsmaßnahmen der Gefahrengruppe IIIB zu ergreifen. Sie sind vor Ort zu isolieren und dort wenn notwendig rettungsdienstlich zu versorgen. Weitere Maßnahmen sind nur mit dem zuständigen Gesundheitsamt oder einem überregionalen Kompetenzzentrum durchzuführen, da Kontaminationsverschleppung hier besonders zu verhindern ist.

■ Umgang mit Tieren

Tiere sind aus Tierhaltungsräumen nur nach Rücksprache mit einer fachkundigen Person zu retten.

6.3 Ärztliche Überwachung und Nachsorge

Alle Personen, die an Einsätzen in Bereichen der Gefahrengruppen IIB und IIIB teilgenommen haben, sind namentlich zu erfassen. Personen, die an Einsätzen in Bereichen der Gefahrengruppe IIIB teilgenommen haben, oder Personen, bei denen in Bereichen der Gefahrengruppe IIB besondere Vorkommnisse zu verzeichnen waren, sind – soweit möglich – mit Angabe zu den B-Gefahrstoffen unverzüglich einem ermächtigten Arzt vorzustellen.

Treten in der Folgezeit eines Einsatzes bei Einsatzkräften Erkrankungen auf, die mit den B-Gefahrstoffen in Zusammenhang stehen könnten, sind alle beteiligten Personen erneut einem ermächtigten Arzt vorzuführen. Die Unterlagen über den Einsatz sind ihm zur Verfügung zu stellen.

6.4 Selbstkontrolle und Testfragen

(Lösungen siehe Seite 88)

1. Welche Fragen sind bei der Lagefeststellung zu klären?

a) Welche Dosisleistung liegt vor?
b) Welcher Risikogruppe werden die Stoffe zugeordnet?
c) Welche Art der Desinfektion ist geeignet?
d) Welcher Art ist die vorhandene Abschirmung?
e) Sind ansteckungsgefährliche Stoffe frei geworden?
f) Wie funktionieren die Schleusen und das Lüftungssystem?

2. Mit welchem Körperschutz sind die Trupps bei der Erkundung auszurüsten?

a) Körperschutz Form 1.
b) Körperschutz Form 2.
c) Körperschutz Form 3.
d) Körperschutz Form B.

3. Welches sind die wesentlichen Aufgaben der Feuerwehr im B-Einsatz?

a) Gefahrenbereiche erkunden und absperren.
b) Menschen in Sicherheit bringen.
c) Ausbreitung biologischer Stoffe und Materialien verhindern.
d) Biologischer Stoffe und Materialien dekontaminieren.

4. Welche Geräte sind bevorzugt für die Brandbekämpfung zu verwenden?

a) Tragbare und fahrbare Feuerlöscher.
b) Formbeständige Druckschläuche.
c) Kübelspritzen.
d) Be- und Entlüftungsgeräte.

7 C-Einsatz

Der C-Einsatz ist das Tätigwerden von Einsatzkräften an Einsatzstellen, an denen Gefahren durch chemischen Stoffe und Materialien erkennbar sind oder vermutet werden. Aufgrund der besonderen Vielfalt der C-Gefahrstoffe ist die frühzeitige Identifizierung von Art und Menge der Gefahrstoffe besonders wichtig. Erst nach Zuordnung zu einer Maßnahmengruppe (MG) lassen sich die speziellen Maßnahmen planen.

7.1 Lagefeststellung/Erkundung

Die Lagefeststellung an Einsatzstellen mit C-Gefahrstoffen wird maßgeblich von Art, Menge und Eigenschaften der chemischen Stoffe und Materialien bestimmt. Insbesondere sind folgende Fragen zu klären:

- Sind Gefahrstoffe frei geworden und wie groß ist die Freisetzungsrate?
- In welcher Menge sind die Gefahrstoffe vorhanden?
- Um welche C-Gefahrstoffe handelt es sich?
- Welche Stoffe können durch Reaktion entstehen?
- Welche gefährlichen Eigenschaften haben die Stoffe?
- Ist die Sonderausrüstung beständig gegen die C-Gefahrstoffe?
- Besteht bei gas-/dampfförmigen Stoffen die Gefahr der Hautresorption?
- Können sich explosionsfähige Atmosphären bilden?
- Sind Sprengstoffe vorhanden?
- Sind Druckbehälter vorhanden?

Kennzeichnungsvorschriften für C-Gefahrstoffe sind vielfältig. Sie können an dieser Stelle nicht umfassend wiedergegeben werden. Liegen keine ausreichenden Erkenntnisse vor, sind die zur Erkundung vorgehenden Trupps mit Körperschutz Form 3 auszurüsten.

7.2 Einsatzmaßnahmen

Die wesentlichen Aufgaben der Feuerwehr im C-Einsatz sind:

- Gefahrenbereiche erkunden und absperren,
- Menschen in Sicherheit bringen,
- die Ausbreitung chemischer Stoffe verhindern.

Letzteres kann das Auffangen eines frei gewordenen chemischen Stoffes in entsprechende Auffangbehälter und/oder das Verbringen an eine sichere Stelle erforderlich machen. Ist dies nicht möglich, so sollte mindestens versucht werden, das Freiwerden der chemischen Stoffe behelfsmäßig einzugrenzen und eine Gefahrenausbreitung aus diesen Bereichen zu unterbinden.

7.2.1 Gefahrenbereich

Stehen Nachweisgeräte zur kontinuierlichen Konzentrationsbestimmung zur Verfügung, kann die Grenze des Gefahrenbereiches so gelegt werden, dass die Schadstoffkonzentration außerhalb des Gefahrenbereiches den festgelegten Richtwert nicht überschreitet.

Ist bekannt oder wird nach Eintreffen an der Einsatzstelle bekannt, dass es sich um größere Mengen von Explosivstoffen, militärische Munition oder größere Mengen druckverflüssigter Gase unter Brandeinwirkung handelt, ist der Abstand vom Gefahrenobjekt bei ausreichender Deckung auf mindestens 300 m und der Absperrbereich auf 1.000 m zu erweitern. Erst nach weiterer Erkundung und der Identifizierung bestehender Gefahren kann der Abstand angepasst und verringert werden.

7.2.2 Besondere Einsatzsituationen

Abweichend bzw. ergänzend zu den zuvor geschilderten Einsatzmaßnahmen müssen in bestimmten Einsatzsituationen besondere Regeln beachtet werden.

■ Menschenleben in Gefahr

Zur Rettung von Menschenleben, die keinerlei Zeitverzug erlaubt, können nach Entscheidung des Einsatzleiters erste Maßnahmen zunächst ohne Einhaltung aller hier vorgegebenen Schutzmaßnahmen durchgeführt werden. Insbesondere sind Abweichungen von der persönlichen Sonderausrüstung möglich. Bei Einsätzen zur Menschenrettung in den Gefahrengruppen IIC und IIIC sind die Einsatzkräfte jedoch mindestens mit Isoliergeräten und Körperschutz Form 1 auszurüsten.

Hinweis: Bereiche der Gefahrengruppe IIIC, bei denen es sich um militärische Anlagen mit Munition oder chemischen Kampfstoffen handelt, dürfen ohne Anwesenheit eines fachkundigen Militärangehörigen auf keinen Fall – auch nicht zur Rettung von Menschenleben – betreten werden!

7.2.3 Maßnahmengruppen

Sind Art und Eigenschaften der C-Gefahrstoffe bekannt, können eine Zuordnung zu Maßnahmengruppen vorgenommen und spezielle (gruppenspezifische) Schutzmaßnahmen geplant und durchgeführt werden. Folgende Maßnahmengruppen sind gemäß FwDV 500 festgelegt:

Tabelle 7: Maßnahmengruppen

Maßnahmengruppe	Bezeichnung
1	explosive Stoffe und Gegenstände mit Explosivstoff
2	gasförmige Stoffe
3	entzündbare flüssige Stoffe
4	sonstige entzündbare Stoffe
5	entzündend (oxidierend) wirkende Stoffe
6	giftige Stoffe
8	ätzende Stoffe
9	verschiedene gefährliche Stoffe und Gegenstände

■ Explosive Stoffe und Gegenstände

In diese Maßnahmengruppe sind feste oder flüssige Stoffe, Stoffgemische oder Gegenstände, die diese Stoffe enthalten, einzuordnen, die durch chemische Reaktion Gas von solcher Temperatur, solchem Druck und mit hoher Geschwindigkeit entwickeln können, dass durch Temperatur-, Druck und Splitterwirkung Zerstörungen in der Umgebung auch in großer Entfernung eintreten können.

Wichtige Beurteilungsgrundlagen für Art und Größenordnung der Gefahren ergeben sich auch aus der Einteilung in die Unterklassen 1.1 bis 1.6 nach ADR/RID/GGVSE.

Tabelle 8: Maßnahmengruppe 1: Explosive Stoffe und Gegenstände

Gefahren	• Explosions- oder Detonationsgefahr • Hauptgefahren bei Unterklasse 1.1 – Druck, 1.2 – Splitter, 1.3 – Feuer • Brandgase können giftig sein
Spezielle Maßnahmen	• Ggf. Räumung aller Personen aus dem Gefahrenbereich einleiten • Aus der Deckung heraus arbeiten, z.B. mit Wasserwerfer • Möglichst wenig Personal im Gefahrenbereich einsetzen
Zusätzliche Hinweise	Militärische Kennzeichnungen (Munitionsbrandklassen) beachten. **Absperrungen anpassen:** • Gefahrenbereich bei Unterklassen 1.1, 1.2, 1.3, 1.5 und 1.6 – **500 m** • Absperrbereich bei Unterklassen 1.1, 1.2, 1.3, 1.5 und 1.6 – **1.000 m**

■ Gasförmige Stoffe

In diese Maßnahmengruppe sind alle verdichteten, verflüssigten oder unter Druck gelösten Gase oder Gegenstände, die diese Stoffe enthalten, einzuordnen. Gefahren ergeben sich aus dem besonderen physikalischen Zustand und aus den chemischen Eigenschaften.

Weitere gefährliche chemische Eigenschaften sind gesondert zu erkunden.

Tabelle 9: Maßnahmengruppe 2: Gasförmige Stoffe

Gefahren	• Gas/Luft-Gemische können explosionsgefährlich sein. • Erfrierungsgefahr bei verflüssigtem Gas. • Brandgase können giftig sein. • Gefahr des Druckgefäßzerknalls. • Bei Flüssiggas „Bleve“ möglich. • Gase können einzeln oder in Kombination erstickende Wirkung haben, giftig, brennbar, brandfördernd oder ätzend sein.
Spezielle Maßnahmen	• Atem- und Körperschutz. • Gaswolke mit Sprühstrahl niederschlagen. • Im Brandfall Behälter und Umgebung aus Deckung kühlen, bei Acetylengasflaschen bis zu 24 h. • Brennendes Gas nicht löschen, Gaszufuhr sperren. • Bei Lecks an Flüssiggastanks: Kein Wasser auf den Behälter, Gefahr der Aufheizung und Verstärkung des Gasaustritts. • Kanalisation und tiefer gelegene Räume sichern. • Messgeräte einsetzen.
Zusätzliche Hinweise	Absperrungen bei Flüssiggastankwagen, Druckgaskesselwagen und Industrietanks: • Gefahrenbereich: **300 m** • Absperrbereich: **1.000 m** **Achtung!** • Elektrisch betriebene Geräte als Zündquelle beachten, z.B. Funkgeräte, Handscheinwerfer, Mobiltelefon, Funkmeldeempfänger. • Elektrostatische Aufladung als Zündquelle beachten. • Nicht in verflüssigtes Gas spritzen.

■ Entzündbare flüssige Stoffe

In diese Maßnahmengruppe sind alle brennbaren flüssigen Stoffe oder Gegenstände, die diese Stoffe enthalten, einzuordnen. Gefahren ergeben sich aus der Entzündbarkeit, der Brennbarkeit und aus den weiteren chemischen Eigenschaften.

Weitere gefährliche chemische Eigenschaften sind gesondert zu erkunden.

Tabelle 10: Maßnahmengruppe 3: Entzündbare flüssige Stoffe

Gefahren	• Dampf/Luft-Gemische sind explosionsgefährlich. • Brandgase können giftig sein. • Ausbreitung über Kanäle, Schächte usw. möglich. • Bei Tankbränden „Boil-over" möglich. • Umweltgefahr – Ölalarm. • Vorsicht bei Wassereinsatz – Fettexplosion.
Spezielle Maßnahmen	• Atem- und Körperschutz. • Im Brandfall mit Schaum löschen, Behälter und Umgebung kühlen. • Ausbreitung verhindern, Flüssigkeit auffangen, Leckstelle abdichten. • Flüssigkeit mit Schaum abdecken. • Kanalisation und tiefer gelegene Räume sichern. • Messgeräte einsetzen.
Zusätzliche Hinweise	Absperrungen bei Tankwagen, Kesselwaggons und Industrietanks: • Gefahrenbereich: **50 m** • Absperrbereich: **300 m** Achtung! • Elektrisch betriebene Geräte als Zündquelle beachten, z.B. Funkgeräte, Handscheinwerfer, Mobiltelefon, Funkmeldeempfänger. • Elektrostatische Aufladung als Zündquelle beachten.

■ Sonstige entzündbare Stoffe

In diese Maßnahmengruppe sind alle brennbaren festen Stoffe oder Gegenstände, die diese Stoffe enthalten, einzuordnen, bei denen sich besondere Gefahren aus ihrer Brennbarkeit oder aus der Kombination mit weiteren chemischen Eigenschaften ergeben. Die besonderen gefährlichen Eigenschaften sind gesondert zu erkunden. Hierzu gehören auch die selbstentzündlichen Stoffe und die Stoffe, die bei Berührung mit Wasser entzündliche Gase entwickeln. Die Stoffe können auch als Schmelze oder in Lösung vorkommen.

Wichtige Beurteilungsgrundlagen für Art und Größenordnung der Gefahren ergeben sich auch aus der Einteilung in die Klassen 4.1, 4.2 oder 4.3 nach ADR/ RID/GGVSE.

Tabelle 11: Maßnahmengruppe 4: Sonstige entzündbare Stoffe

Gefahren	• Explosionsgefahr bei staubförmigen Stoffen der Klasse 4.1. • Brandgase können stark reizend und giftig sein. • Heftige Reaktion beim Einsatz von Wasser bei den Klassen 4.2 und 4.3 möglich.
Spezielle Maßnahmen	• Atem- und Körperschutz. • Bei Stäuben keine Verwirbelung verursachen. • Brandbekämpfung bei Klasse 4.1 mit Wasser, 4.2 mit Sprühstrahl (bei Metallverbindungen wie 4.3), 4.3 mit trockenem Sand oder ABC- oder D-Pulver.
Zusätzliche Hinweise	**Achtung!** • Diese Stoffe werden auch als heiße Schmelze transportiert. • Wenn ein **X** vor der Gefahrnummer steht, Berührung des Stoffes mit Wasser verhindern. • Die Stoffe können auch als Flüssigkeit oder Lösungen auftreten.

■ Entzündend (oxidierend) wirkende Stoffe

In diese Maßnahmengruppe sind alle oxidierenden und brandfördernden Stoffe oder Gegenstände, die diese Stoffe enthalten, einzuordnen, bei denen sich besondere Gefahren aus ihrer oxidierenden Wirkung oder aus der Kombination mit weiteren chemischen Eigenschaften ergeben.

Weitere gefährliche chemische Eigenschaften sind gesondert zu erkunden.

Tabelle 12: Maßnahmengruppe 5: Entzündend (oxidierend) wirkende Stoffe

Gefahren	• Freisetzung von hoch reaktivem Sauerstoff. • Stoffe sind reaktionsfreudig, Stichflammen und Verpuffungen möglich. • Explosionsgefahr bei organischen Peroxiden beachten. • Brandgase können sehr giftig und ätzend sein.
Spezielle Maßnahmen	• Atem- und Körperschutz. • Im Brandfall Löschangriff mit großen Mengen Wasser aus sicherer Entfernung, z.B. mit Wasserwerfer durchführen.
Zusätzliche Hinweise	**Achtung!** • Nicht mit brennbaren Substanzen in Kontakt bringen. • Bestimmte organische Peroxide werden nur unter Temperaturkontrolle transportiert, siehe Beförderungspapier. • Überdruck in geschlossenen Behältern möglich. • Kein organisches Bindemittel verwenden.

■ Giftige Stoffe

In diese Maßnahmengruppe sind alle Stoffe, von denen aus Erfahrung bekannt oder aus tierexperimentellen Untersuchungen anzunehmen ist, dass sie bei Einwirkung in relativ kleinen Mengen zu Gesundheitsschäden oder zum Tode eines Menschen führen, oder Gegenstände, die diese Stoffe enthalten, einzuordnen.

Tabelle 13: Maßnahmengruppe 6: Giftige Stoffe

Gefahren	• Dämpfe, Stäube und Brandgase sind toxisch, Vergiftungsgefahr bei Inkorporation oder Kontamination.
Spezielle Maßnahmen	• Atem- und Körperschutz. • Ausbreitung verhindern, Stoff auffangen, Leck abdichten. • Kanalisation, tiefere Räume und Gewässer sichern. • Messgeräte oder Indikatoren einsetzen.
Zusätzliche Hinweise	**Achtung!** • Hautkontakt mit freien Stoffen unbedingt vermeiden. • Bei Kontakt Dekontamination und ärztliche Untersuchung einleiten.

■ Ätzende Stoffe

In diese Maßnahmengruppe sind alle Stoffe, die auf organische und/oder anorganische Oberflächen bei Kontamination zerstörend wirken oder entzündliche Prozesse in Geweben auslösen oder Gegenstände, die diese Stoffe enthalten, einzuordnen.

Tabelle 14: Maßnahmengruppe 8: Ätzende Stoffe

Gefahren	• Bei Kontakt Verätzungsgefahr der Haut, Augen und Atemwege. • Gefährliche Reaktionen bei Verdünnung mit Wasser möglich. • Ausbreitungsgefahr bei Säuren und Laugen. • Säuren können mit organischen Stoffen und Metallen reagieren. • Organische Säuren sind brennbar.
Spezielle Maßnahmen	• Atem- und Körperschutz. • Ausbreitung verhindern, Stoff auffangen, Leck abdichten. • Gas/Dampfwolken mit Sprühstrahl niederschlagen. • Kanalisation, tiefere Räume und Gewässer sichern. • Kleine Mengen mit Wasser verdünnen. • Messgeräte oder pH-Papier einsetzen.

Tabelle 14: Maßnahmengruppe 8: Ätzende Stoffe (Fortsetzung)

Zusätzliche Hinweise	**Achtung!** • Stoffe werden auch in heißem Zustand transportiert. • Erwärmung bei Neutralisation beachten. • Zur wirksamen Verdünnung werden große Wassermengen benötigt. • Chemikalienbinder einsetzen. • Bei Kontakt sofort mit Wasser abwaschen und Arzt hinzuziehen. • Relative Dichte zu Luft beachten.

■ Verschiedene gefährliche Stoffe und Gegenstände

In diese Maßnahmengruppe sind alle Stoffe mit gefährlichen Eigenschaften, die nicht anderen Maßnahmegruppen zugeordnet werden können, oder Gegenstände, die diese Stoffe enthalten, einzuordnen.

Tabelle 15: Maßnahmengruppe 9: Verschiedene gefährliche Stoffe

Gefahren	• Gefährdung der Einsatzkräfte je nach vorliegender Substanz. • Umweltgefahr.
Spezielle Maßnahmen	• Bei Bedarf Atem- und Körperschutz. • Ausbreitung frei werdender Stoffe verhindern. • Umweltbehörde verständigen.
Zusätzliche Hinweise	Beispiele: • Asbest und asbesthaltige Stoffe • im Brandfall Dioxin bildende Stoffe, PCB • Lithiumbatterien, Airbags • umweltgefährdende Stoffe, diverse Öle • erwärmte feste Stoffe • verflüssigte Metalle

7.3 Ärztliche Überwachung und Nachsorge

Alle Personen, die an Einsätzen in Bereichen der Gefahrengruppen IIC und IIIC teilgenommen haben, sind namentlich zu erfassen. Einsatzkräfte, die bei Einsätzen in Bereichen der Gefahrengruppen IIC und IIIC von besonderen Vorkommnissen, wie eine nachgewiesene oder vermutete Kontamination oder/und Inkorporation durch z. B. Beschädigung der Schutzkleidung, „undichter" Atemanschluss oder Verletzungen, betroffen sind, sind einem ermächtigten Arzt vorzustellen. Dies gilt auch für Einsätze mit sensibilisierenden krebserregenden und erbgutverändernden Stoffen.

Treten in der Folgezeit eines Einsatzes bei Einsatzkräften Erkrankungen auf, die mit den C-Gefahrstoffen in Zusammenhang stehen könnten, sind alle beteiligten Personen erneut einem ermächtigten Arzt vorzuführen. Die Unterlagen über den Einsatz sind ihm zur Verfügung zu stellen.

7.4 Selbstkontrolle und Testfragen

(Lösungen siehe Seite 88)

1. Welche Fragen sind bei der Lagefeststellung zu klären?

a) Welche Stoffe können durch Reaktion entstehen?
b) Können sich explosionsfähige Atmosphären bilden?
c) Welche Art der Desinfektion ist geeignet?
d) Wie groß ist die Freisetzungsrate der Stoffe?
e) Sind ansteckungsgefährliche Stoffe frei geworden?

2. Welcher Sicherheitsabstand vom Schadenobjekt ist bei Explosivstoffen einzuhalten?

a) Gefahrenbereich – maximal 500 m.
b) Gefahrenbereich – mindestens 300 m.
c) Absperrbereich – maximal 600 m.
d) Absperrbereich – mindestens 1.000 m.
e) Gefahren- und Absperrbereich – Abstand mindestens 750 m.

3. Welche Maßnahmengruppen sind gemäß FwDV 500 festgelegt?

a) Explosive Stoffe und Gegenstände mit Explosivstoff.
b) Radioaktive Stoffe.
c) Entzündend (oxidierend) wirkende Stoffe.
d) Gesundheitsschädliche Stoffe.
e) Verschiedene gefährliche Stoffe und Gegenstände.

4. Welche Personen sind nach einem Einsatz einem ermächtigten Arzt vorzustellen?

a) Grundsätzlich alle Einsatzkräfte und betroffene Personen.
b) Nur Einsatzkräfte.
c) Einsatzkräfte, die von besonderen Vorkommnissen betroffen sind.
d) Alle Rettungskräfte.

8 Dekontamination

Die Reduzierung der Kontamination der Oberflächen von Lebewesen, Boden, Gewässern oder Gegenständen wird als Dekontamination (kurz: Dekon) bezeichnet. Die Dekontamination durch die Feuerwehr ist die Grobreinigung von Einsatzkräften einschließlich ihrer Schutzkleidung, von anderen betroffenen Personen sowie von Geräten. Sie beinhaltet auch Maßnahmen zur Desinfektion bei B-Gefahrstoffen. Die eigentliche Dekontamination obliegt den Fachbehörden. Unter deren Verantwortung kann die Feuerwehr in Amtshilfe bei der Dekontamination unterstützend tätig werden.

In der Feuerwehr-Dienstvorschrift FwDV 500 wird nur auf die Dekontamination von Personen und Geräten eingegangen. Die Dekontamination von anderen Schutzgütern kann nach Vorgaben der zuständigen Fachbehörde unterstützt werden.

Hinweis: Bei Dekontaminationsmaßnahmen ist darauf zu achten, dass es zu keiner Kontaminationsverschleppung kommt.

8.1 Die Dekon-Einheit

Als Dekon-Einheit ist in der Regel eine Staffel ausreichend. Die Dekon-Staffel ist die taktische Einheit, die beim Einsatz eines Zuges im ABC-Einsatz die Dekontamination durchführt. Der Zug ist deshalb um die Dekon-Staffel zu erweitern. Die Dekon-Staffel besteht aus dem Staffelführer und fünf Einsatzkräften (1/5/6). Ist es an größeren Einsatzstellen erforderlich, mehr als eine Person oder mehrere Geräte gleichzeitig zu dekontaminieren, sind frühzeitig weitere Kräfte anzufordern und die Dekon-Staffel durch weitere Einsatzkräfte zu ergänzen.

Die Mannschaft der Dekon-Staffel gliedert sich in den Staffelführer, den Maschinisten, den Angriffstrupp und den Wassertrupp. Die Aufgaben innerhalb der Dekon-Staffel sind wie folgt verteilt:

Tabelle 16: Aufgaben innerhalb der Dekon-Staffel im ABC-Einsatz

Funktion	Aufgabe
Staffel-führer	• legt in Absprache mit dem Einsatzleiter den Ort des Dekon-Platzes fest • teilt das Dekon-Personal ein und ordnet die notwendige Dekon-Maßnahmen an • sorgt für die fachgerechte Verpackung und Kennzeichnung kontaminierten Materials • sorgt in Zusammenarbeit mit den zuständigen Behörden und der Einsatzleitung für die Reinigung oder Entsorgung
Maschinist	• hilft den Trupps bei der Geräteentnahme und beim Anlegen der Sonderausrüstung • bedient die Aggregate außerhalb des Dekon-Platzes • unterstützt nach Weisung • dokumentiert die Dekontamination
Angriffs-trupp	• markiert den Dekon-Platz, sperrt diesen ab • sorgt bei Bedarf für dessen Beleuchtung • kennzeichnet den Weg zum Dekon-Platz • unterstützt die Dekontamination nach Weisung durch den Staffelführer • führt, soweit erforderlich, den Kontaminationsnachweis (A-Einsatz) oder die Desinfektion (B-Einsatz) durch
Wasser-trupp	• richtet den Dekon-Platz ein • der Truppmann arbeitet im „Schwarzbereich" und der Truppführer im „Weißbereich" des Dekon-Platzes

8.1.1 Ausrüstung der Dekon-Staffel

Die persönliche Schutzausrüstung für die Dekon-Staffel besteht mindestens aus einem Feuerwehrschutzanzug sowie Gummihandschuhen und -stiefel. Als Inkorporationsschutz gegen staubförmige oder gasförmige Gefahrstoffe oder Aerosole geringer Konzentration ist ein Atemanschluss (Vollmaske) mit einem Feuerwehrfilter ABEK2-P3 ausreichend. Zum Schutz vor Kontamination ist in

Abhängigkeit von den vorhandenen Stoffen die persönliche Schutzausrüstung durch Gummischürzen, Einwegschutzanzüge oder CSA zu ergänzen. Die Festlegung einer höheren Schutzstufe oder die Abweichung vom Mindestschutz bestimmt der Staffelführer der Dekon-Staffel.

Für jede im Gefahrenbereich unter Isoliergerät eingesetzte Einsatzkraft muss ein für den verwendeten Atemanschluss geeignetes ABEK2-P3-Filter am Dekon-Platz vorhanden sein, um sofort das Filter in den Atemanschluss einsetzen zu können.

Weiterhin sind zur Dekontamination/Desinfektion Personenduschen, Zelte, Warmwassererzeuger und Hochdruckreiniger sowie Reinigungsgeräte und Geräte und Behälter zur Aufnahme kontaminierter Flüssigkeiten und sonstiger Materialien erforderlich.

8.2 Der Dekon-Platz

Ein Dekon-Platz ist bei jedem ABC-Einsatz der Gefahrengruppen II und III einzurichten und abzugrenzen. Seine Lage wird durch den Staffelführer der Dekon-Staffel in Absprache mit der Einsatzleitung festgelegt. Er sollte an der windzugewandten Seite außerhalb des Gefahrenbereichs liegen. Außerdem ist auf die gute Erreichbarkeit und auf die Ver- und Entsorgungsmöglichkeiten mit Strom, Wasser und Abwasser zu achten.

Der Dekon-Platz ist in einen „Schwarzbereich“ (unreine Seite) und einen Weißbereich (reine Seite) zu unterteilen. Grenzen, Zugangswege und Trennlinien sind deutlich zu markieren. Am Dekon-Platz werden die aus dem Einsatz im Gefahrenbereich kommenden Einsatzkräfte und ihr Gerät im Schwarzbereich auf Kontamination überprüft und je nach Lage grob dekontaminiert und die kontaminierte Schutzkleidung abgelegt. Erst dann dürfen sie den Schwarzbereich verlassen.

Hinweis: Sind Maßnahmen zur Menschenrettung erforderlich, kann der Einsatzleiter Ausnahmen zulassen!

Ist eine spezielle Dekon-Einheit in der Feuerwehr vorhanden, so ist diese zu alarmieren, sobald ein Einsatz von Feuerwehrangehörigen unter persönlicher Sonderausrüstung abzusehen ist. Der Dekon-Platz muss dann spätestens 15 Minuten nach dem ersten Anlegen einer persönlichen Sonderausrüstung (Anschluss des Pressluftatmers) betriebsbereit sein.

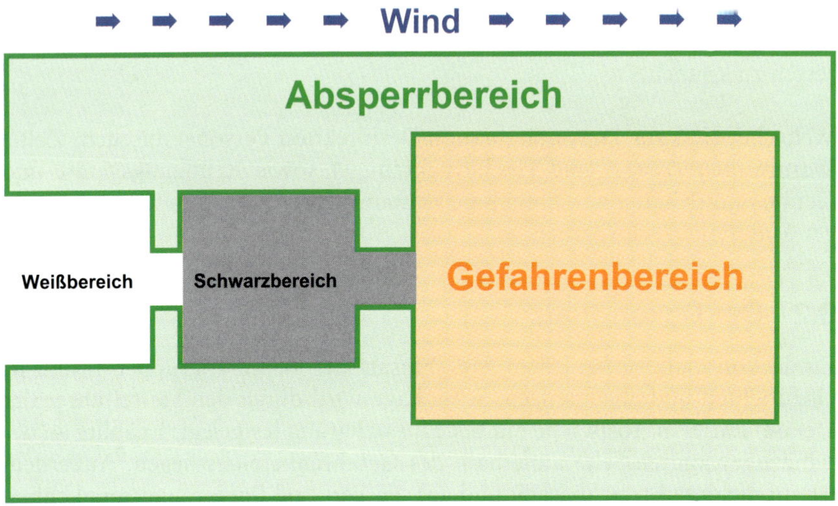

Abbildung 13: Schematische Darstellung eines Dekontaminationsplatzes

Die Ausstattung des Dekon-Platzes muss über entsprechende Sonder- oder Logistikfahrzeuge innerhalb der 15-Minuten-Frist herangeführt werden. Die Wasserversorgung für den Dekon-Platz ist gegebenenfalls über ein Löschfahrzeug sicherzustellen. Gefahrstoffe, kontaminierte Gegenstände und kontaminierte Reinigungsflüssigkeiten sowie verunreinigtes Wasser sind durch Fachfirmen zu entsorgen oder zu dekontaminieren. Zuständig für die Abwicklung ist die Fachbehörde.

Abbildung 14: Tätigkeiten am Dekontaminationsplatz (Quelle: firemovie, Offenbach)

8.3 Dekontamination von Personen (Dekon P)

Kontaminierte Personen sind, soweit möglich und medizinisch erforderlich, noch vor Ort zu dekontaminieren oder zu desinfizieren. Weitere Maßnahmen sind von der zuständigen Fachbehörde zu veranlassen. Bei Einsätzen mit radioaktiven Gefahrstoffen ist eine Kontaminationskontrolle durchzuführen. Wird die dreifache Nullrate überschritten, gilt die Person als kontaminiert. Die Kontaminationsfreiheit einer zuvor als kontaminiert festgestellten Person muss durch die Fachbehörde bestätigt werden.

Besteht der Verdacht einer Kontamination der Feuerwehrschutzkleidung oder der Kleidung anderer Personen, so sollte diese Kleidung im Schwarzbereich auf dem Dekon-Platz möglichst schnell abgelegt und im Weißbereich gegen Ersatzkleidung getauscht werden, um eine Kontamination der Haut der betroffenen Personen zu vermeiden.

Besteht der Verdacht auf eine Kontamination der Körperoberfläche, so sollte die Haut der betroffenen Person nicht erwärmt werden (z.B. nicht heiß, sondern „lauwarm“ duschen!), um ein Öffnen der Poren und damit ein weiteres Eindringen des Schadstoffes zu vermeiden. Gelangen Schadstoffe auf die Haut, so sind sie möglichst umgehend zu entfernen. Hierbei ist vor allem darauf zu achten, dass die Kontamination nicht weiter auf der Haut verteilt wird (z.B. nicht abreiben, sondern abtupfen). Die abschließende Behandlung einer Kontamination bleibt der fachlich zuständigen Behörde oder medizinischem Personal vorbehalten.

Besteht der Verdacht auf Kontamination oder Inkorporation, so ist die Person auf jeden Fall einem geeigneten Arzt vorzustellen. Dabei ist möglichst auf die Art der Kontamination (Ort und Stoff, Dauer der Einwirkung) hinzuweisen. Kontaminierte Personen sind zu registrieren.

Besteht die Notwendigkeit, Personal und Schutzanzüge erneut einzusetzen, ist eine Dekontamination durchzuführen. Dabei ist in jedem Fall eine Kontaminationsverschleppung in das Innere des Schutzanzuges zu verhindern.

8.3.1 Stufenkonzept

Das nachfolgende Stufenkonzept gilt für die Personendekontamination.

Tabelle 17: Stufenkonzept der Dekontamination

Not-Dekon:	**Notdekontamination von Personen** Ist ab dem Einsatz des ersten Trupps im Gefahrenbereich durch mindestens zwei Einsatzkräfte sicherzustellen! Notwendig bei der Beschädigung der Schutzausrüstung, Atemluftmangel, Verletzungen, die sofort behandelt werden müssen, Kontamination der Haut oder Inkorporation.
Dekon-Stufe I:	**Allgemeine Einsatzstellenhygiene** Gilt für jeden Feuerwehrangehörigen bei allen Einsatzarten.
Dekon-Stufe II:	**Standard-Dekontamination** Ist bei jedem ABC-Einsatz, bei dem persönliche Sonderausrüstungen benutzt werden, sicherzustellen.
Dekon-Stufe III:	**Erweiterte Dekontamination im ABC-Einsatz** Ist anzuwenden bei Dekontaminations-Maßnahmen für eine größere Anzahl von Personen und/oder bei starker oder schwer löslicher Verschmutzung.

8.3.2 Kontaminierte Verletzte

Kontaminierte Verletzte sind – soweit medizinisch vertretbar – unter Verantwortung und Anleitung durch den Rettungsdienst (Notarzt) zu dekontaminieren. Dabei ist darauf zu achten, dass keine Schadstoffe z. B. durch Mund, Nase, Ohren oder offene Wunden inkorporiert werden. Gegebenenfalls sind diese vorher abzudecken.

Bei einigen ABC-Gefahrstoffen, die bei Kontaminationsverschleppung eine erhebliche Schadenausweitung hervorrufen würden, z. B. Kampfstoffe, besonders B-Kampfstoffe und ansteckungsgefährliche Stoffe, ist eine Dekontamination/Desinfektion an der Einsatzstelle erforderlich.

Hinweis: Lebensrettende Sofortmaßnahmen gehen vor (Grob-)Dekontamination. Dabei ist der Eigenschutz der Einsatzkräfte zu beachten!

Der Rettungsdienst ist über eine Kontamination oder einen Kontaminationsverdacht zu informieren. Dabei ist nach Möglichkeit anzugeben:

- Art der Kontamination, vermuteter Stoff und kontaminierte Fläche,
- Grad der Kontamination,
- ungefähre Dauer der Einwirkung und
- bisherige Gegen- oder Dekon-Maßnahmen.

Bei der Einlieferung solcher Verletzter ins Krankenhaus ist dafür zu sorgen, dass der Rettungsdienst diese Informationen weitergibt. Nach Möglichkeit ist das Krankenhaus vorab über die bevorstehende Aufnahme eines kontaminierten Patienten und die Art des ABC-Gefahrstoffs zu informieren.

8.3.3 Dekontamination im A-Einsatz

Eine Dekontamination wird zunächst durch Entfernen kontaminierter Kleidung erreicht. Der Dekontaminationserfolg ist durch Messung nachzuweisen. Eine Dekontamination von Hautoberflächen und Geräten ist durch zuständige Stellen durchzuführen. Eine Notdekontamination von Hautoberflächen kann auch durch die Feuerwehr erfolgen. Grundsätzlich gilt eine Fläche als kontaminiert, wenn die Zählrate des Kontaminationsnachweisgerätes dreimal höher als die vorher gemessene Nullrate ist.

8.3.4 Dekontamination im B-Einsatz

Bei Einsätzen mit B-Gefahrstoffen ist ab der Gefahrengruppe IIB in der Regel eine Desinfektion durchzuführen. Dabei ist zu unterscheiden zwischen der Desinfektion von Materialien und der Desinfektion der Haut bzw. Wunden. Es dürfen nur geeignete Desinfektionsmittel verwendet werden.

Die besonderen Hygienemaßnahmen sind vom Einsatzpersonal zu beachten. Nach der Grobdekontamination der Schutzkleidung haben die Einsatzkräfte bei Einsätzen in der Gefahrengruppe IIB Schutzkleidung und Gerät, bei Einsätzen in der Gefahrengruppe IIIB die gesamte Kleidung bei Verlassen des Gefahrenbereichs am Dekon-Platz abzulegen. Hände, Gesicht, Haare und benetzte Hautstellen sind zu desinfizieren und zu reinigen. Gegebenenfalls ist zu duschen. Die Anweisungen fachkundiger Personen sind zu beachten.

8.4 Dekontamination von Geräten (Dekon G)

Soweit möglich, ist an der Einsatzstelle eine „Grobreinigung" kontaminierter Geräte durchzuführen. Dabei soll zunächst die Transportfähigkeit der Geräte hergestellt werden. Außerdem wird durch eine frühzeitige Dekontamination eine mögliche (weitere) Reaktion des Materials mit dem Gefahrstoff verhindert. Kontaminiertes Gerät muss vor Ort in geeigneter Weise verpackt (z.B. Foliensack) und gekennzeichnet (z.B. Anhänger/Aufkleber mit Einsatzort, Einsatzdatum, Inhalt, Art der Kontamination) werden und verbleibt in unmittelbarer Nähe des Weißbereiches des Dekon-Platzes, soweit dort von den kontaminierten Geräten keine messbare Strahlung ausgeht. Der Transport des grob dekontaminierten Geräts darf nicht im Mannschaftsraum der Einsatzfahrzeuge durchgeführt werden.

Mit der zuständigen Behörde ist das weitere Vorgehen abzustimmen. Bei Großschadenereignissen muss lageabhängig entschieden werden, ob und wie grob gereinigte Geräte erneut eingesetzt werden können.

Soweit technisch möglich, werden Gefahrstoffe und kontaminierte Gegenstände zur unmittelbaren Gefahrenabwehr und zum Schutz der Umwelt von der Feuerwehr sicher gestellt. Nach sicherer Verpackung verbleiben diese möglichst vor Ort im Gefahrenbereich. Ihr Abtransport ist nur dann zu veranlassen, wenn die Entsorgung durch die zuständige Behörde nicht gesichert ist.

Tabelle 18: Dekon-Matrix gemäß FwDV 500

Einsatzart	Not-Dekon	Dekon-Stufe I Einsatzstellen-hygiene	Dekon-Stufe II Standard-Dekon	Dekon-Stufe III Erweiterte Dekon
Radioaktive Stoffe	So schnell wie möglich kontaminierte Hautpartien reinigen. Bei Verdacht auf Hautkontamination ist die Person einem Arzt vorzustellen.	Gilt für jeden Einsatz! Einsatzstellenhygiene! Hände waschen, bei Bedarf Wechsel der Schutzkleidung, Stiefelreinigung. Vorher nicht rauchen, trinken, essen. Kontaminationsverschleppung vermeiden!	Nach Überprüfung auf Kontamination (mit Kontaminationsnachweisgerät) wird die Schutzkleidung abgelegt. Alles, was mehr als dreifache Nullrate aufweist, gilt als kontaminiert und ist in Säcke/Überfässer zu verpacken.	Dekontamination wie II und Nutzung bestimmter Sonderausstattung (z. B. Dusche, Zelte, Umkleidemöglichkeiten).
Biologische Stoffe	So schnell wie möglich kontaminierte Hautpartien desinfizieren. Einwirkzeiten beachten! Bei Verdacht auf Hautkontamination ist die Person einem Arzt vorzustellen.	Gilt für jeden Einsatz! Einsatzstellenhygiene! Hände zuerst desinfizieren (mit Hautdesinfektionsmittel), anschließend waschen. Bei Bedarf Wechsel der Schutzkleidung, Stiefelreinigung. Vorher nicht rauchen, trinken, essen. Kontaminationsverschleppung vermeiden!	Desinfektion der Schutzkleidungsoberfläche (mit Flächendesinfektionsmittel). Nach der Einwirkzeit kann die Schutzausrüstung abgespült werden. Die Reinigungsflüssigkeit ist aufzufangen.	Desinfektion wie II und Nutzung bestimmter Sonderausstattung (z. B. Dusche, Zelte, Umkleidemöglichkeiten). Anschließend Ablegen der gesamten Kleidung (auch Unterbekleidung). Die Reinigungsflüssigkeit ist aufzufangen.
Chemische Stoffe	So schnell wie möglich kontaminierte Hautpartien mit Sprühstrahl reinigen. Bei Verdacht auf Hautkontamination ist die Person einem Arzt vorzustellen.	Gilt für jeden Einsatz! Einsatzstellenhygiene! Hände waschen, bei Bedarf Wechsel der Schutzkleidung, Stiefelreinigung. Vorher nicht rauchen, trinken, essen. Kontaminationsverschleppung vermeiden!	Dekontamination mit Wasser und Hilfsmitteln. Die Reinigungsflüssigkeit ist aufzufangen.	Dekontamination mit warmem Wasser (evtl. Reinigungszusätze verwenden) und bestimmter Sonderausstattung (z. B. Dusche, Zelte, Umkleidemöglichkeiten). Die Reinigungsflüssigkeit ist aufzufangen.

8.5 Selbstkontrolle und Testfragen

(Lösungen siehe Seite 88)

1. Welche taktische Einheit ist in der Regel für die Dekontamination an der Einsatzstelle zuständig?

a) Der ABC-Gefahrgutzug.
b) Die Dekon-Gruppe.
c) Die Dekon-Staffel.
d) Das Technische Hilswerk.

2. Welche Anforderungen werden an einen Dekon-Platz gestellt?

a) Er muss oberhalb der Gefahrenzone liegen.
b) Er sollte an der windzugewandten Seite außerhalb des Gefahrenbereichs liegen.
c) Er ist in einen roten, gelben und grünen Bereich einzuteilen.
d) Er ist in einen Schwarz- und einen Weißbereich einzuteilen.

3. Welche Dekontaminationsmaßnahmen werden von der Feuerwehr üblicherweise durchgeführt?

a) Notdekontaminationen von Personen.
b) Notdekontaminationen von Kulturgütern.
c) Allgemeine Einsatzstellenhygiene.
d) Standard-Dekontaminationen.
e) Spezial-Dekontamination.

4. Welche Informationen über kontaminierte verletzte Personen sind an den Rettungsdienst weiterzugeben?

a) Art der Kontamination, vermuteter Stoff und kontaminierte Fläche.
b) Grad der Kontamination.
c) Ungefähre Dauer der Einwirkung.
d) Bisherige Gegen- oder Dekon-Maßnahmen.

9 Verwendete Abkürzungen

ABEK	Klassifizierung eines Atemschutzfilters
ADR	Europäisches Übereinkommen über die internationale Beförderung gefährlicher Güter auf Straßen
AtG	Atomgesetz
bzw.	beziehungsweise
ca.	circa (ungefähr, etwa)
FwDV	Feuerwehr-Dienstvorschrift
GGVSE	Gefahrgutverordnung Straße und Eisenbahn
h	Stunde (Einheit für Zeit, z.B. 12 h)
HLF	Hilfeleistungslöschfahrzeug
LF	Löschgruppenfahrzeug
PCB	polychlorierte Biphenyle
pH	Maß für die Wasserstoffionenkonzentration
StrlSchV	Strahlenschutzverordnung
TRGS	Technische Regel für Gefahrstoffe
TUIS	Transport-Unfall-Informations- und Hilfeleistungssystem
u.a.	unter anderem
u. Ä.	und Ähnliche(s)
usw.	und so weiter
vfdb	Vereinigung zur Förderung des Deutschen Brandschutzes
z.B.	zum Beispiel

10 Literatur- und Quellenverzeichnis

FwDV 500 „Einheiten im ABC-Einsatz", 2003

Lösungen zu Kapitel 2.3: 1. c); 2. b), d); 3. c); 4. d)

Lösungen zu Kapitel 3.6: 1. b), d); 2. a) bis c); 3. a), b), d); 4. c), d); 5. b), c); 6. a) bis d); 7. b), c); 8. b), e)

Lösungen zu Kapitel 4.4: 1. a), b), d); 2. a) bis c); 3. a), b), d); 4. a), b); 5. d); 6. c), d), e); 7. b), d); 8. a), b), c)

Lösungen zu Kapitel 5.4: 1. a), b), d); 2. a) bis c), e); 3. a) bis d); 4. a), d)

Lösungen zu Kapitel 6.4: 1. b), c), e), f); 2. c); 3. a) bis c); 4. a), c)

Lösungen zu Kapitel 7.4: 1. a), b), d); 2. b), d); 3. a), c), e); 4. c)

Lösungen zu Kapitel 8.5: 1. c); 2. b), d); 3. a), c), d); 4. a) bis d)

Inhaltsverzeichnis

| 1 Mengen-bestellung | 2 Sammelwerk-Bestellung | 3 zusätzliche Bestellung

1 Bitte senden Sie mir/uns folgende/n Titel aus der Reihe „Fachwissen Feuerwehr“ zum Preis von je € 9,16 zzgl. gesetzl. MwSt. (€ 9,80 Brutto):

Ex.	Titel		Bestellnummer
_____	Atemschutzgeräteträger	3. Auflage 2005	978-3-609-62108-1
_____	Baukunde	1. Auflage 2003	978-3-609-62095-4
_____	Brennen und Löschen	2. Auflage 2002	978-3-609-62100-5
_____	Durchführung des ABC-Einsatzes	1. Auflage 2007	978-3-609-62356-6
_____	Einsatzplanung und -vorbereitung	1. Auflage 2005	978-3-609-62113-5
	Fahrzeugkunde Teil 1	2. Auflage 2004	978-3-609-62105-0
_____	Fahrzeugkunde Teil 2	2. Auflage 2006	978-3-609-62109-8
_____	Führen und Leiten im Einsatz	2. Auflage 2006	978-3-609-62106-7
_____	Gefahren der Einsatzstelle	2. Auflage 2006	978-3-609-62268-2
_____	Gerätekunde/Löschgerät	2. Auflage 2005	978-3-609-62111-1
_____	Gerätekunde/Rettungsgerät	2. Auflage 2006	978-3-609-62116-6
_____	Gerätekunde/Schläuche und Armaturen	1. Auflage 2003	978-3-609-62099-2
_____	Grundlagen des ABC-Einsatzes	1. Auflage 2006	978-3-609-62115-9
_____	Grundtätigkeiten Löscheinsatz	3. Auflage 2006	978-3-609-62114-2
_____	Grundtätigkeiten Technische Hilfeleistung	1. Auflage 2004	978-3-609-62107-4
_____	Löschwasserversorgung	1. Auflage 2005	978-3-609-62112-8
_____	Mechanik	1. Auflage 2006	978-3-609-62117-3
_____	Unfallverhütung	3. Auflage 2007	978-3-609-62354-2
_____	Vorbeugender Brandschutz	1. Auflage 2003	978-3-609-62103-6

2 Bitte senden Sie mir/uns Ihr Sammelwerk (2 Bände) „Fachwissen Feuerwehr“ zum Sonderpreis von € 91,59 zzgl. gesetzl. MwSt. (€ 98,– Brutto):

Ex.	Titel	Bestellnummer
_____	Sammelwerk Fachwissen Feuerwehr	978-3-609-62001-5

Bitte senden Sie mir/uns nur einzelne Leerordner zum Preis von je € 7,56 zzgl. gesetzl. MwSt. (€ 9,– Brutto).:

Ex.	Titel	Bestellnummer
_____	Leerordner Fachwissen Feuerwehr	978-3-609-62002-2

3 Bitte senden Sie mir/uns folgende/n CD-ROM/s „Ausbildungsfolien“ zum Preis von je € 36,97 zzgl. gesetzl. MwSt. (€ 44,– Brutto):

Ex.	Titel	Bestellnummer
_____	Brandbekämpfung mit Wasser und Schaum	978-3-609-78590-5
_____	Fahrzeugkunde Teil 1 und 2	978-3-609-62302-3
_____	Innenangriff	978-3-609-78610-0
_____	Suchen und Retten bei Brandeinsätzen	978-3-609-78604-9
_____	Technische Hilfeleistung bei LKW- und Busunfällen	978-3-609-78602-5
_____	Technische Hilfeleistung bei PKW-Unfällen	978-3-609-78601-8

Absender:

Straße und Hausnummer

Firma

PLZ / Ort

Funktion

Telefonnr. für Rückfragen

Name / Vorname

Datum

X Unterschrift